물리학의 산맥

The Mountain of Physics

삼양미디어

 머리말

내가 상대성 이론에 관한 책을 읽은 것은 중학교 1학년 때였다. 당시까지 과학에 대해 별 관심이 없던 나에게 그 책은 이 세상이 얼마나 신비한 법칙들이 숨어 있는 곳인지 깨닫게 하였다. 그때부터 세상에 대한 나의 시야는 달라졌다. 주위의 작은 것들에 머물지 않고 내가 살고 있는 지구와 태양과 우주와, 어딘가에 숨어 있을 자연 법칙에 대해 생각하게 되었다. 그때부터 과학책을 탐독하기 시작하였다. 과학책을 한 권 한 권 읽어나갈 때마다 새로운 내용을 알아가는 커다란 즐거움이 있었다.

나는 이런 즐거움을 다른 사람들에게도 느끼게 해 주고 싶었다. 우리가 별 생각 없이 살아가는 이 세상이 실제로는 신비한 법칙들로 가득 차 있다는 것을 깨달으면 세상에 대한 시각이 달라질 것이다.

이 책이 학생들에게는 훌륭한 논술대비용 서적이 될 것이다. 수리논술대회나 상위권 대학의 논술고사를 대비하는 고등학생이라면 높은 수준의 과학적 지식들을 알 필요가 있다. 교과서에서 다루지 않는 지식들을 앎으로써 여러 대회와 시험에서 좋은 결과를 얻을 수 있을 것이다.

아무쪼록 이 책이 여러분에게 "가장 심오한 물리학 내용"을 "가장 간단하게" 알려줄 수 있기를 바란다.

최 지 범

감사의 글

이 책을 쓰기까지 많은 분들의 직간접적인 도움을 받았다. 그분들의 가르침이 없었다면 이 책을 쓸 수 없었을 것이다.

나를 과학의 길에 들어서게 해 준 '동작영재교육원'과 '서울특별시 과학전시관 영재원'의 선생님들께 특별히 감사드린다. 선생님들의 수준 높은 과학 교육은 나를 과학에 눈뜨게 하였으며, 영재원 프로그램으로 도쿄대, 교토대 등 현장 체험 교육도 할 수 있었다. 포스텍에서 실시한 International Science & Engineering Camp 2006도 외국 과학 영재들과의 만남을 통해 나에게 많은 자극과 국제적인 안목을 키울 기회를 주었다.

사당초등학교, 인헌중학교, 인헌고등학교의 선생님들께도 감사드린다. 그분들의 교육을 통해 과학, 수학, 글쓰기 등을 배울 수 있었다.

이 책을 내겠다고 했을 때 흔쾌히 동의하고 격려를 아끼지 않으셨던 부모님께 진심으로 감사드린다. 수학 교사인 어머니는 이 책의 과학적 내용을 검토해 주셨으며 영어 교육을 전공하신 아버지는 문학적 충고를 해 주셨다. 어릴 때부터 헌신적으로 뒷바라지 해 주신 외할머니와 이 책의 발간을 기뻐하실 할머니께도 깊은 감사를 드린다.

여러모로 미흡한 책을 엮어 이 세상에 선보일 수 있게 도와주신 삼양미디어 출판사 가족 여러분께도 머리 숙여 감사의 뜻을 전한다.

최 지 범

Contents

Chapter 3

상대성 이론의 산
The Mountain of Relativity Theory

Contents

Chapter 4

천체 물리학의 산
The Mountain of Cosmology

Chapter 5

현대 물리학의 산
The Mountain of Contemporary Physics

자, 이제 등정을 시작하자!

산 입구의 오솔길을 따라가면 무엇이 있을까? 산 정상에서 펼쳐지는 아름다운 경치를 감상하려면 이 오솔길에서부터 한 발씩 천천히 걸어 올라야 한다. 오솔길을 가다 보면 지루할 수도 있고, 지금 가고 있는 이 길이 맞는지 걱정스러울 때도 있을 수도 있다. 어쩌면 길을 잘못 들어 한참을 되돌아가야 할지도 모른다.

물리학을 공부하는 것은 산에 오르는 것과 같다는 생각을 한다. 우리가 길을 잃을 때마다 과학자들이 세워놓은 아름다운 등대의 영롱한 빛이 우리를 안내할 것이다. 정상에서는 멀리 보이는 자연의 바다가 땀방울의 대가를 보상할 것이다. 때로는 지루해질 수 있는 산행이라 친구가 필요할 수도 있겠다. 그래서 여러분을 나의 길동무로 초대하고 싶다. 여러분도 이 책을 펼침으로써 물리학의 산행을 시작하게 되었다. 이번 산행은 5개의 산을 차근차근 넘어가야 한다.

나와 함께 주변에 있는 현상들을 하나씩 같이 짚어가면서 물리학의 산맥을 넘어가 보자. 그 결과로 여러분의 책장에 꽂혀 있는 '시간의 역사', '평행우주', '엘리건트 유니버스' 같은, 어렵게 느껴지던 과학책들이 친구처럼 다가올 수 있다면 더 바랄 것이 없겠다.

그럼 이제부터 상상의 나래를 펴고 물리학의 산맥을 힘차게 올라가 보자!

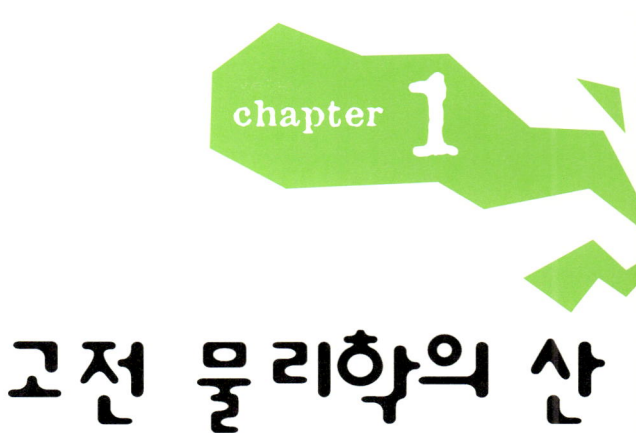

chapter 1

고전 물리학의 산

The Mountain of Conventional Physics

해발
1,318m

첫 번째 산은 고전 물리학의 산이다. 뉴턴과 그 시대 과학자들이 산 정상에 세워놓은 밝고 아름다운 등대는 물리학의 역사에 새로운 이정표를 제시하였다.' 당시 과학자들은 우리 주변에서 일어나는 현상들을 정확히 이해하려고 노력했다. 여러분들도 고전 물리학의 산 정상에서 일상생활에 대한 새로운 시각을 갖게 될 것이다. 이 산을 넘음으로써 드디어 물리학의 세계에 들어오게 된다.

physics

뉴턴의 물리학

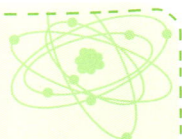

고전 물리학은 일상생활에서 접하는 농구공, 탁구공 등 보거나 만질 수 있는 물체의 운동에 관한 것을 다루며 현대 물리학은 원자의 내부, 상대성이론, 우주의 역사 등 직접 눈으로 관찰하기 어려운 분야를 다룬다.

고전 물리학은 17세기 후반 아이작 뉴턴(Sir Isaac Newton, 1642~1727)으로부터 시작되었다. 그의 저서 '프린키피아' 에서 제창한 3가지 법칙은 고전 물리학에서는 그야말로 '고전적인' 법칙이다. 먼저 뉴턴이 제창한 3가지 역학 법칙에 대해 알아보자.

뉴턴의 제1법칙 - 관성의 법칙

우주 공간에서 공을 던지면 어떻게 될까? 조금 가다가 멈춘다고 생각하는 사람들도 있겠지만 그렇지 않다. 우주에서는 방해하는 힘을 전혀 받지 않으므로 공은 그 속력을 유지한 채 영원히 나아간다.

모든 물체는 자신이 운동하는 대로 계속 운동하려는 성질이 있다. 물체의 속력, 방향이 바뀌는 이유는 외부로부터 힘을 받기 때문이다. 농구공을 바닥에 굴리면 얼마 가다가 멈춰서는 이유도 바닥의 마찰력이 외부에서 농구공의 운동을 방해했기 때문이다. 만약 마찰력이 작은 곳에서 농구공을 굴리면 더 멀리 나아갈 것이다. 이처럼 물체가 운동하는 대로 계속 운동하려는 성질을 관성이라고 부른다.

그러나 지구상에서는 관성의 법칙을 알아보기가 힘들다. 수직으로 던져 올린 물체는 중력을 받고, 수평으로 굴린 물체는 마찰력을 받기 때문에 계속 운동할 수 없게 된다. 관성을 알아보기 쉬운 방법은 추운 겨울날 호수가 매끈하게 얼면 그 위에 돌멩이를 던지는 것이다. 얼음판 위에서 돌멩이가 상당히 먼 거리를 미끄러져 나가는 것은 방해하는 힘이 작기 때문이다.

누군가 당신에게 탁구공을 던져 준다고 생각해보자. 별 힘을 들이지 않고도 탁구공을 받을 수 있다. 농구공을 던져줄 때는 어떨까? 더 큰 힘이 필요하다. 그 이유는 농구공의 질량이 크기 때문에 움직이는 것을 막기 위해서 큰 힘이 필요하기 때문이다. 이처럼 관성의 크기는 물체의 질량에 비례한다.

물체가 자신의 운동 상태를 유지하려는 경향을 뉴턴의 제1법칙, 관성의 법칙이라고 한다.

뉴턴의 제2법칙 - 가속도의 법칙

가속도란 속도가 변화하는 정도를 말한다. 뉴턴의 제1법칙에서 설명한 대로 운동하는 물체에 힘을 가하지 않으면 물체는 계속 같은 속력으로 움직인다. 이런 운동을 등속 운동(속력이 일정한 운동)이라 하고, 이 경우 가속도는 존재하지 않는다(즉 가속도는 0이다). 등속 운동(정지 상태 포함)을 하는 물체에 힘을 가하면 당연히 그 물체의 속력은 변한다. 즉, 가속 운동을 한다. 이때 가속도는 시간 당 물체의 속도 변화량으로 나타낼 수 있다.

$$a = \frac{\Delta v}{\Delta t}$$

a는 가속도, Δv는 속도의 변화량, Δt는 시간 간격

가속도의 크기는 작용한 힘의 크기와 물체의 질량에 따라 달라진다. 같은 힘을 가하더라도 질량이 클수록 가속되는 정도는 작다. 관성은 질량에 비례하기 때문이다. 물체에 작은 힘을 가하는 것보다 큰 힘을 가하면 운동 상태가 더 많이 변하기 때문에 힘의 세기가 클수록 가속되는 정도는 커진다.

종합해 보면 가속도는 가하는 힘에 비례하고 물체의 질량에 반비례한다.

$$a = \frac{F}{m}$$

F는 힘, m은 질량

앞의 식을 변형하면, 다음과 같이 생각할 수 있다.

$$F = ma$$

즉, 물체에 작용하는 힘의 크기는 질량과 가속도의 곱이라는 것을 알 수 있다. 이 식을 이용하면 저울이 없이도 힘과 가속도만으로 질량을 구할 수 있다. 지구 궤도를 공전하는 우주선에서는 중력이 느껴지지 않아 저울이 작동하지 않기 때문에 우주에서 물체의 질량을 측정할 때는 이 법칙을 이용한다.

먼저 1kg 질량을 가진 물체에 엔진을 달아 그 가속도를 측정한다. 그리고 질량을 알아보고 싶은 물체에도 같은 엔진을 장착해 가속도를 알아본다. 그 물체의 가속도가 작을수록 물체의 질량은 크다. 같은 원리로 1kg 물체의 가속도와 다른 물체의 가속도를 비교함으로써 물체의 정확한 질량을 알 수 있다. 예를 들면 1kg 물체의 가속도가 $2m/s^2$(초당 $2m/s$씩 속도가 증가한다)인데 비해 알고 싶은 물체의 가속도가 $1m/s^2$이면 이 물체의 질량은 2kg이라는 것을 알 수 있다.

실제로 우주에서는 이런 원리를 이용한 관성 저울이라는 특수한 저울을 사용한다. 관성 저울은 물체를 빠른 속도로 위쪽으로 올려 가속도를 측정함으로써 물체의 질량을 계산한다.

뉴턴의 제3법칙 - 작용, 반작용의 법칙

고대 중동의 함무라비 법전에는 '눈에는 눈, 이에는 이' 라는 구절이 있다. 주먹으로 벽을 쳐보면 이 의미를 잘 이해할 수 있을 것이다. 벽을 약하게 치면 주먹이 아픈 정도는 작다. 벽을 세게 치면 그만큼 아픈 정도도 커진다. 우리가 벽에 힘을 주는 '작용'을 가하면 벽도 나에게 그만큼의 또 다른 '작용'을 준다. 이때에 나의 작용으로 인해 생긴 또 다른 작용(힘)을 반작용이라 부른다. 즉, 내가 다른 물체에 힘을 주면, 이는 그 물체도 나에게 힘을 주는 것과 같은 효과가 난다. 이것이 작용과 반작용의 법칙이다. 내가 다른 물체를 세게 밀면 밀수록, 내가 힘을 주는 방향과 반대 방향의 힘을 더 세게 받는다.

로켓은 작용과 반작용의 법칙을 이용해 움직인다. 로켓의 엔진에서 엄청난 양의 가스를 움직이려는 방향의 반대쪽으로 뿜어내면 이때 생기는 반작용으로 인해 로켓이 날아갈 수 있다. 이것은 바퀴달린 의자 위에 앉아서 가려는 방향의 반대로 벽을 밀어 움직이는 것과 같은 원리이다.

로켓의 움직임을 생각할 때 흔히 범하는 오류는 로켓의 분출물이 공기를 밀어서 그 힘으로 로켓이 상승한다고 생각하는 것이다. 그러나 꼭 무엇과 닿을 필요는 없다. 어떤 방식으로든 힘이 작용하면 그 반대방향으로 반작용이 생기기 때문에 로켓은 진공상태인 우주에서도 제대로 작동하는 것이다.

우주인이 유영을 하다가 볼링공을 던지면 우주인은 그 반대 방향으로 영원히 날아간다. 우주선에서는 함부로 쓰레기를 바깥으로 버리지 못하는데,

쓰레기를 버리는 반작용으로 인해 우주선의 궤도가 변경될 수 있기 때문이다.

작용과 반작용의 법칙은 중력이 있는 상태에서도 적용된다. 영화에서 총을 쏠 때 총알이 발사되는 반대 방향으로 몸이 밀리는 것도, 수영을 할 때 물을 뒤쪽으로 밀쳐내면서 몸은 앞쪽으로 나아가는 것도 반작용의 효과이다. 스케이트장에서 다른 사람을 밀면 자신도 뒤로 밀리는 현상도 마찬가지다.

뉴턴이 발견한 또 다른 법칙

뉴턴은 역학에 관한 세 법칙으로 고전 물리학의 기초를 닦아 놓았다. 이 외에도 그는 만유인력의 법칙(중력 법칙)을 발견했다. 만유인력의 법칙에 의하면 질량을 가진 모든 물체들 사이에는 인력이 작용한다. 그러므로 지구상에 있는 모든 물체는 중력을 받게 되는데 중력은 두 물체의 질량에 비례하고, 물체 사이의 거리의 제곱에 반비례하므로 다음과 같이 기술된다.

$$F_g = G\frac{Mm}{r^2}$$

G는 중력 상수 : $6.67 \times 10^{-11}(\text{Nm}^2/\text{kg}^2)$, M은 한 물체의 질량,
m은 다른 물체의 질량, F_g는 중력, r은 두 물체 사이의 거리

지구 표면에 있는 물체에 작용하는 힘의 크기는 물체가 지구로부터 받는 힘 F는 위의 공식에 따라 $F_g = \dfrac{G(\text{지구 질량})(\text{물체의 질량})}{(\text{지구 반지름})^2}$ 이 될 것이다. 상수 G의 값과 지구의 질량, 지구 반지름의 값은 일정하므로 중력의 크기는 물체의 질량에 정비례한다고 할 수 있다.

시대와 과학의 수레바퀴

당시의 사회상

뉴턴 역학은 현대 과학의 관점에서 보면 우리가 교과서에서 배울 정도로 기초적인 생각들이라고 할 수도 있다. 그러나 당시의 시대상을 생각하면 뉴턴의 발상은 가히 혁명적이었다. 당시에는 자연 현상에 대해 '신이 그렇게 하셨기 때문이다'라는 생각이 지배적이었기 때문에 학자들은 자연 현상을 합리적으로 분석하기를 기피하였다.

특히 중세는 과학의 암흑기라 불릴 정도로 신본주의가 발달하여 모든 자연 현상을 크리스트교의 기준에 맞추어 보려 하였다. 고대의 과학자인 아리스토텔레스의 이론이 신성시되면서 이와 반하는 사실은 인정되지 않았다. 그러나 르네상스를 거치면서 중세의 암흑은 서서히 걷히기 시작하였다.

중세의 대표적인 논쟁이 천동설과 지동설의 대립이었다. 천동설(天動說 : 하늘이 움직인다는 주장)은 지구는 가만히 있고 다른 별, 행성들이 움직인다고 보았다. 기독교 신학자들은 생명이 깃든 지구를 하느님이 특별히 여기기 때문에 태양계의 중심에 놓았을 것이라고 주장하였고 사람들도 이를 당연시하였다. 과학이 발달하면서 천동설은 많은 허점을 보이기 시작하였다. 예를 들어 천동설에 따르면 금성과 수성은 절대로 보름달과 같은 모습을 보이면 안 되지만, 실제로는 그런 모습이 관측되었다. 반면, 태양이 중심에 있고 그 주위에 행성들이 돌고 있다는 지동설은 이러한 현상을 이론적으로 설명할 수 있었다. 이러한 주장은 기존의 기독교 사상과 대립되었으므로 이를 주장한 많은 과학자들이 화형당하거나 지위를 박탈당했다. 이후 코페르니쿠스, 갈릴레이 등의 과학자가 핍박에 굴하지 않고 지속적으로 지동설을 주장하자 결국 지동설은 학계의 인정을 받게 되었다. 물론 기독교라는 종교 자체에 문제가 있었던 것은 아니지만 그 내용을 자의적으로 해석하여 과학의 발전을 저해한 당시 신학자들에게 과학의 암흑기에 대한 책임이 있다고 할 수 있다.

칠흑 같은 어둠일수록 촛불은 영롱한 법, 과학의 미명이 밝아 오기 전에 많은 과학자들은 기나긴 세월동안 어둠과 시련의 동굴을 통과해야 했다. 고전 물리학의 산 정상에서 바라보면 멀리 어둠에 휩싸인 중세 시대의 과학의 봉우리들을 볼 수 있다. 잘 살펴보면 그 어둠 속에서도 과학이라는 이성의 촛불이 면면이 이어져 왔음도 알 수 있다. 뉴턴 시대에 이르면서 합리적 사고의 토대 위에서 근대 과학이 여명을 맞이하고 있었다. 아직 희뿌연 새벽에 뉴턴은 과학사의 밝은 등대를 우뚝 세웠다.

뉴턴의 생각과 현대적 견해

뉴턴의 역학과 현대의 과학관에는 어떤 차이가 있을까. 뉴턴은 자연 현상은 톱니바퀴와 같아서 과학의 힘으로 예측할 수 있다고 믿었다. 이러한 사고방식을 결정론적(모든 것은 결정되어 있다) 사고라 부른다. 그러나 현대에 와서 이러한 생각에는 변화가 있게 되었다.

주사위를 던질 때 어떤 숫자가 나올지 알 수 있을까? 뉴턴의 대답은 '예'일 것이다. 그러나 실제로는 불가능하다. 공기의 밀도, 바닥의 탄성, 손의 힘 등 영향을 미치는 요소가 무한히 많기 때문이다. 이러한 요소를 모두 측정하는 것도 불가능하고, 측정한 결과를 통해 운동을 예측하는 것도 어렵다. 주사위의 눈은 오직 확률로만 예측된다.

이와 비슷한 현상을 주위에서 쉽게 발견할 수 있다. 흐르는 물이 장애물에 부딪혀 생기는 난류(亂流) 현상이나 일기예보 역시 정확한 예측이 불가능하다. 질량이 비슷한 행성 3개의 움직임을 예측하는 것은 계산량이 워낙 방대해 슈퍼컴퓨터를 동원해야 겨우 계산이 가능하다. 이 외에도 주식시장, 브라운 운동 등의 움직임은 과학적으로 예측하기가 불가능하다고 알려져 있다.

이러한 운동들을 카오스(chaos : 혼돈) 운동이라 부른다. 카오스 운동은 예측할 수 없으며 혼란스러운 양상을 보인다. 뉴턴이 설명한 운동 법칙들은 영향을 미치는 요소가 적은 단순한 운동이며, 뉴턴의 결정론적 사고로 카오스 운동을 설명할 수는 없다. 카오스 이론은 현대 물리학의 중요한 관심사이며, 뉴턴 식의 결정론적 사고론을 넘어 다양한 분석 도구를 제공하는 계기가 되었다.

뉴턴은 자신이 발견한 법칙들에 대해 '거대한 자연의 바다에서 조약돌을 하나 주운 것에 불과하다' 고 말하였다. 우리의 입장에서는 지나친 겸손이라고 말할 수 있겠지만 정확한 표현이었다. 뉴턴이 역학법칙과 만유인력의 법칙을 발견한 뒤에 물리학은 어마어마하게 발전하였다. 아인슈타인의 상대성 이론, 현대의 양자역학 등 수많은 분야가 개척되었으며 앞으로 풀어야 할 과제가 산더미처럼 쌓여있다. 현대 과학이 매우 발달했다지만 뉴턴이 말한 그 바다를 모두 드러내기에는 더 오랜 세월이 걸릴 것이다. 우리가 첫 번째 등정한 고전 물리학의 산 정상에서 바라보면 저 멀리에 넓은 자연의 바다가 어슴푸레 모습을 드러내고 있다.

고대의 과학

고대(그리스 로마 시대)의 과학수준은 어땠을까? 고대 그리스에서는 지구가 둥글다는 것을 알고 지구의 크기를 측정했으며, 피타고라스의 원리 등 상당한 수준의 수학 체계도 보유하고 있었다. 다만 당시의 과학은 실험을 배제한 다소 관념적이고 철학적인 측면이 다분히 있었다.

★ 반중력과 UFO

중력은 질량을 가진 물체 사이에 작용하는 인력이다. 반중력은 ─ 현재까지 발견되지 않았지만 ─ 질량을 가진 물체 사이에 작용하는 척력이다. 영화 인디펜던스 데이에는 반중력을 사용하는 UFO가 등장한다.

만약 지구 위에서 반중력을 만들어내는 기계를 발명한다면 어떻게 될까. 작동시키자마자 그 기계는 속력이 1초에 $9.8m/s$ 씩 늘어나며 지구를 탈출할 것이다. 지구에서 멀어질수록 가속도(속도의 증가율)는 줄어들지만 속력은 계속 늘어난다.

그 기계가 반중력을 만드는데 에너지를 소량 혹은 아예 사용하지 않는다면 새로운 에너지원으로서 엄청난 가치가 있다. 지구 위에서 반중력 장치를 켜서 어느 정도의 높이까지 올린 뒤 그 장치를 끄면 떨어지는 운동에너지를 이용해 전기를 만들 수 있다.

반중력 장치를 이용해 비행하는 운송수단을 만든다면 이 역시 혁신적인 운송수단이 된다. 반중력 장치를 이용해 부양하면 소량의 에너지만으로 먼 거리를 날아갈 수 있기 때문이다.

반중력 장치가 만들어진다면 인류에게 큰 도움이 되겠지만 그 장치가 그렇게 쉽게 만들어질 것 같지는 않다. 중력은 공간의 휘어짐으로 인해 생기는 것이다. 그러나 이 공간을 반대로 휘어서 물체 사이에 척력이 작용하게 하려면 엄청난 에너지를 가해야 한다. 오히려 전자기력과 같은 다른 힘을 이용해 중력을 상쇄시키는 것이 기술적으로나 효율성 면에서 더 우수할지 모른다. 하지만 과학기술이 나날이 발달해가는 현대사회에서 언젠가는 반중력 장치가 개발될 수도 있다는 생각을 해본다.

★ 쉽게 부자가 되는 방법

과학적 원리를 이용하여 우리도 부자가 될 수 있다. 적도 부근에서 많은 양의 금을 산다. 그 금을 북극 혹은 남극에 가져간다. 그 곳에 가져가면 적도보다 금이 무거워진다. 여러분은 그곳에서 금을 팔아 이윤을 남기면 된다.

그렇다고 금의 질량이 변화한 것은 아니다. 적도 부근에서는 지구 자전에 의한 원심력에 의해 금의 무게가 줄어든 것이다. 극지방은 이런 원심력이 존재하지 않는다.

그러나 정말 그렇게 하면 안 된다. 지구상에는 마찰력이 존재한다. 만약 적도에서 북극까지 마찰과 굴곡이 없는 길이 있다면 적도에서 북극까지 아무런 노력 없이도 금을 보낼 수 있다. 적도는 북극보다 더 높은 고도에 있고 중력도 북극 쪽이 더 세기 때문이다. 하지만 실제로는 그런 길이 존재하지 않는다. 아마 운송비가 무게 차이에 의한 이득보다 더 클 것이다. 북극과 적도 사이의 무게 차이는 그렇게 크지 않기 때문이다.

부자가 되고 싶다면 이 책을 읽고 열심히 과학을 공부하여 훌륭한 과학자가 되는 것이, 아니면 과학 시험을 더 잘 봐서 좋은 직장을 가지는 것이, 벌써 대학을 졸업하고 직장을 가지고 있다면 평범한 기술자였던 일본인 다나카 고이치(1959~)처럼 훌륭한 업적을 세워 노벨상을 타는 것이 훨씬 빠른 길일 것이다.

★ 수학 확률

A를 포함한 10명의 친구들이 가위, 바위, 보에서 진 한 명이 모두의 가방을 들어주기로 하였다. 운이 없게도 A는 가위, 바위, 보에 져서 10개의 가방을 짊어지게 되었다.

가방을 다 옮기고 난 A는 친구들에게 또 다시 가위, 바위, 보를 하자고 제안한다. A는 방금 내기에서 졌기 때문에 이번에 또다시 질 확률은 그만큼 떨어진다고 생각했다. A의 결정은 옳은가?

답은 '그렇지 않다'이다. 이 전에 진 것은 지금 하는 가위, 바위, 보의 결과와 상관이 없다. 이와 같이 두 사건이 서로 영향을 주고 받지 않을 때, 수학의 용어로는 '두 사건은 서로 독립이다'라고 한다.

수학은 물리학과 매우 밀접한 학문이다. 물리학의 식들은 모두 수학으로 표현되고, 수학을 통해 물리적 현상들을 예측할 수 있기 때문이다. 특히 천체 물리학자들에게는 수학자들과 견줄 정도의 수학 능력이 요구된다. 우주에 관한 이론은 직접적인 관찰이 어려운 경우가 많아서 모든 현상, 본질을 수학적으로 알아내는 수밖에 없기 때문이다.

Memo

chapter 2

물리화학의 산

The Mountain of Chemistry Physics

해발
2.104m

이 산은 다른 산들에서는 볼 수 없는 특징들이 많이 보인다. 물리화학이라는 이름을 처음 듣는 사람도 많을 것이다. 그만큼 색다른 모습이기 때문에 올라가는 길이 지루하지 않을 것이다.

작은 것들의 움직임

물리화학이란

'물리면 물리고, 화학이면 화학이지, 물리화학은 무엇인가?'라는 의문이 들지도 모른다. 물리화학은 '작은 것들에 대한 물리학'이다.

작은 세상에서는 물리법칙이 달라지는 것일까? 공기의 예를 들어보자. 공기에는 셀 수 없이 많은 분자가 있다. 각 분자는 뉴턴의 운동법칙에 따라 움직인다. 그러나 입자 하나하나의 움직임을 분석하기는 너무 '힘들다'. 그 많은 입자의 운동을 어느 세월에 계산하고 있겠는가. 다행히 입자들이 여럿 모이면 일정한 경향성이 나타난다. 이 경향성을 통해 공기 분자의 운동을 예측한다. 물리화학은 이런 경향성을 이용해 유체의 특성, 분자

유체

기체, 액체 등 흐를 수 있는 물질을 뜻한다. 모래더미도 알갱이들이 움직여 모양이 바뀌므로 일종의 유체이다.

들 간의 힘, 증발, 확산, 열현상 등 다양한 분야를 다룬다.

작은 입자들을 주로 다루니 화학과 관련되어 있고, 운동을 기술하니 물리학과도 관련된다. 물리화학은 물리와 화학 두 학문에서 각각 다뤄진다.

물리화학의 산이 천체 물리학의 산 앞에 위치한 모습은 흥미로운 대조이다. 흔히 화학을 전공한 사람들은 성격이 '쪼잔' 하다고 한다. 작은 입자들을 탐구하다 보니 그런 오해를 받는다. 반면, 천체 물리학을 전공한 사람들은 '통이 크다' 고 한다. 넓은 우주를 연구하다보니 확산적 사고에 익숙하다는 것이다.

하지만 이는 낭설일 뿐이니 오해하지 말기 바란다. 아무튼 물리화학을 통해 마음이 좁아졌다고 생각된다면 다음에 나오는 천체물리학의 산에서 더 넓게 만들어 줄 테니 걱정 말고 등산을 시작해 보자.

분자의 운동

기체는 분자라는 작은 입자로 이루어져 있다. 기체는 얼핏 가만히 있는 것처럼 보이지만 분자들은 쉴 새 없이 빠르게 움직인다. 분자 운동의 증거로는 확산 현상, 브라운 운동 등이 있다.

분자들의 속력은 우리가 일반적으로 생각할 수 있는 빠르기보다 훨씬 빠르다. 물 분자를 예로 들어 보자. 기체 물 분자(수증기)의 속력은 섭씨 20도에서 약 $600\,m/s$ 이다. 음속의 2배에 가깝다. 온도가 높을수록 이 속력은 더 빨라진다.

속력을 가진 물체는 운동에너지를 갖는다. 운동에너지는 질량과 속도의 제곱에 비례한다. 따라서 분자들도 운동에너지를 가질 것이다.

$$E_k = \frac{1}{2}mv^2$$

E_k는 운동에너지(kinetic energy)
m은 질량, v는 속도

영국의 제임스 줄(J. P. Joule, 1818~1889)은 폭포의 위쪽보다 아래쪽의 물이 조금 더 따뜻하다는 것을(그의 신혼여행지에서) 발견했다. 그는 실험을 통해 물을 회전시키면 사용된 역학적 에너지가 열로 변환된다는 사실을 알아냈다. 열의 정체는 분자의 운동에너지라는 사실을 실험적으로 밝힌 것이다.

따라서 분자의 운동에너지는 온도를 통해서도 기술될 수 있다.

$$E_k = \frac{3}{2}kT$$

E_k는 운동에너지, k는 볼츠만 상수, T는 절대 온도

k는 고정된 값(상수)이므로 분자의 운동에너지는 온도에 정비례한다고 볼 수 있다.

운동에너지 $E_k = \frac{1}{2}mv^2$ 식을 위 식과 비교해서 살펴보자. 기체 분자의 속력이 2배 빨라지면 운동에너지는 4배 커진다. 따라서 온도도 4배 높아진다. 기체 분자의 속력이 빠를수록 온도가 높아지는 것이다.

같은 온도에서는 질량이 작은 분자가 큰 분자에 비해 빠르다. 질량이 작으면 같은 운동에너지를 갖기 위해 빨리 움직여야 하기 때문이다. 수증기보다 가벼운 수소 분자는 상온에서 약 $1,800m/s$의 속력으로 움직인다.

기체 분자 운동론

기체 분자의 움직임을 모두 계산하는 것은 슈퍼컴퓨터도 못해낼 만큼 엄청난 일이다. 그렇다면 과학자들은 어떻게 위와 같은 수식들을 만들어 낼 수 있었을까?

과학자들은 기체 분자들의 움직임을 간편하게 다루기 위해서 기체 분자들은 이상적인 운동을 한다고 가정한다. 그 가정들이 바로 기체 분자 운동론이다. 기체운동에 관한 법칙은 대부분 이 가정을 사용한다.

기체 분자 운동론의 가정은 다음과 같다.

① 모든 기체 분자들은 직선운동을 하는 완전 탄성체이다. 즉, 두 기체 분자의 충돌 시 손실되는 운동에너지는 없다.
② 기체 분자들은 모두 동일한 운동에너지를 가지고 있다. 이 운동에너지는 기체의 온도에 비례한다.
③ 분자 자체의 질량, 부피는 무시한다.
④ 기체 분자 사이의 인력이나 척력은 없다.

이러한 가정을 적용하면 기체 분자들의 운동을 계산하기가 훨씬 쉬워진다. 계산의 결과도 실험 결과와 거의 차이가 없다. 그런데 과연 이 가정들이 정확한 것일까? 가정 하나하나에 대해 탐구하는 자세로 분석해 보자. ②에서 가정한 것처럼 분자들의 운동에너지가 모두 같을까? 진행 방향과 같은 방향으로 충격을 받은 분자는 더 빠르고 반대 방향으로 충돌한 분자는 더 느리다. 분자들이 갖는 동일한 운동에너지는 평균값을 의미하는 것이다. 분자 사이에는 반데르발스 힘이 존재하여 인력, 척력이 작용하기 때문에 ④번의 가정도 완전하게 맞지는 않다.

이 외에도 기체 분자들의 운동은 모든 방향에 대해 균일하다는 가정을 한다. 예를 들어 상자 안에 오른쪽으로 움직이는 분자가 0.1 mol 만큼 있다면(1 mol은 6.02×10^{23}개의 분자를 뜻한다) 왼쪽으로 움직이는 분자도 0.1 mol 있다고 본다. 위쪽, 아래쪽 등 모든 방향에 대해 마찬가지다. 물론 현실에서 정확히 모든 방향으로 균일하지는 않다. 그러나 분자의 개수가 매우 많다면 거의 정확히 모든 방향으로 균일해질 것으로 예상할 수 있다.

이처럼 많은 경우에 물리학자들은 실제 상황과 별 차이가 없다면 더 편리하게 계산 연구를 하기 위한 가정을 만든다.

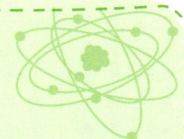

열과 절대온도

열현상을 다룬 식들은 절대온도를 사용한다. 우리와 익숙한 섭씨온도를 놔두고 왜 굳이 절대온도를 사용할까?

섭씨온도를 사용하면 겨울에는 영하 10도 또는 −10도와 같이 온도에 0도보다 낮은 숫자를 사용하게 된다. 그러나 분자의 운동에너지에 마이너스는 없다. 에너지는 언제나 0 또는 양수이다. 음 에너지가 어디 있겠는가. 물이 어는 0도, 북한에나 가야 느낄 수 있는 영하 30도 또는 살아있는 모든 것들이 움직일 수 없을 것 같은 영하 80도 등이라 하더라도 실제 분자는 많은 운동에너지를 가지고 있다.

그래서 과학자들은 분자의 운동에너지를 나타내는 온도의 단위로서 절

섭씨온도(C)

물이 어는 온도를 0도로, 물이 끓는 온도를 100도로 한 온도 체계. 물이 어는 온도보다 낮은 온도는 음수 값을 갖는다. 화씨온도(F)는 물이 어는 온도를 32도, 끓는 온도를 212도로 잡은 온도체계이다.

대온도를 생각해냈다. 섭씨 0도의 물체는 열에너지를 가지고 있는 반면, 절대온도의 0도는 열에너지가 없어서 분자의 운동에너지가 정말 0인 상태를 말한다. 다시 말하면, 분자가 완전히 멈춰서 더 이상 추워질 수 없는 온도를 0도로 하여 온도 체제를 만든 것이다. 절대 0도는 섭씨 −273도이다.

절대온도의 도와 섭씨온도의 도는 눈금범위가 같기 때문에 절대온도를 1도 올리는 에너지는 섭씨온도를 1도 올리는 에너지의 양과 같다. 그러므로 절대온도는 섭씨온도에 273도를 더해주면 된다.

에너지의 값은 언제나 양의 값이므로 섭씨온도만을 쓴다면 열량을 구할 경우와 분자 운동에너지를 구할 때, 그리고 온도비를 생각할 때 등 많은 부분에서 심각한 모순이 발생한다. 이는 절대온도를 사용하면 쉽게 해결되는 부분이다.

절대 0도(0K)에 다다르면

샤를(J. Charles, 1746~1823)은 기체의 온도가 1도 내려갈 때마다 기체의 부피가 원래 부피의 1/273씩 줄어드는 현상을 발견하였다. 이를 샤를의 법칙이라 부른다. 온도가 낮아질수록 기체 분자들이 느리게 움직이므로

K(절대온도)

K(절대온도)＝C(섭씨온도)＋273도
절대 0도＝영하 273도(이때 분자는 완전히 정지한 상태이다.)

기체의 부피가 작아지는 것이다.

샤를의 법칙대로라면 기체가 절대 0도(섭씨 -273도)가 되면 부피가 0이 되어야 한다. 기체의 부피는 기체가 움직이는 공간을 뜻한다. 절대 0도에서는 분자의 속력도 0이 되므로 기체의 부피가 사라지는 것이다.

물론 절대 0도가 되기 전에 모든 물질은 액체 혹은 고체로 변하기 때문에 어떠한 물질도 기체 상태로 절대 영도에 다다를 수는 없다. 게다가 기체가 절대 영도가 되더라도 기체 분자 자체의 부피는 사라지지 않는다. 따라서 엄밀하게 말하면 부피가 완전히 0이 되는 것은 아니다.

절대 0도에서는 기체의 운동이 완전히 멈추므로 이 온도는 물체가 가질 수 있는 최저 온도이다. 정지해 있는 것보다 느린 속도는 없기 때문이다.

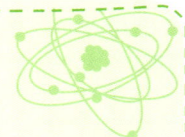

열과 분자

열은 분자 운동에너지 – 카르노의 발견

열이 분자의 운동으로 인해 생성된다는 사실을 알기 전에는 열은 일종의 물질이라고 생각하였다. 나무를 태우면 질량이 줄어드는 것도 열 물질이 빠져나가기 때문이라고 생각하였다.

프랑스 포병 장교 카르노(N. Carnot, 1796~1832)는 대포의 안쪽을 청소하기 위해 청소 기구로 포신을 문지르다 마찰에 의해 열이 발생하는 현상을 발견하였다. 그 당시 열은 물질(이름은 플로지스톤 또는 열소라고 불림)이라고 생각되었기 때문에 열이 생성되려면 다른 어디에선가 질량이 줄어들어야 했다. 하지만 대포 어느 곳에서도 질량은 줄어들지 않았다.

카르노는 자신이 발견한 사실들을 토대로 새로운 생각을 해보았다. 열이 분자 운동에 의해 일어난다는 생각이었다. 카르노의 생각은 당시 과학자들에 의해 받아들여지지 않았다. 하지만 시간이 지나면서 축적된 실험 결과는 그의 이론을 뒷받침해 주었다. 물을 회전시키면 온도가 올라간다는 줄(Jule)의 실험을 통해 카르노의 이론은 인정되었다.

그렇다면 나무를 태우면 왜 질량이 줄어들까? 플로지스톤이 빠져나가서 일까? 나무가 가벼워지는 이유는 산소가 나무의 탄소, 수소 성분과 결합해 이산화탄소와 수증기가 되어 날아가기 때문이다. 나무를 밀폐된 공간 안에 넣고 태우면 질량이 그대로 보존된다. 플로지스톤설을 주장한 학자들은 밀폐된 용기 내에서 실험하지 않았기 때문에 이와 같은 착각을 한 것이다.

분자의 수

분자의 수는 정말 많다. 우리 두뇌의 숫자 용량은 한정되어 있어 일정한 크기를 벗어난 숫자에 대해서는 명칭으로만 알 뿐 구체적 개념을 인식하지 못한다. 분자의 수가 얼마나 많은지 몇 가지 예를 들어보겠다.

- 바닷가에 가서 물 한 컵(180ml)을 부은 후 전 세계의 바닷물을 균일하게 섞는다. 다시 바닷물을 한 컵 뜨면 그 안에는 처음 컵에 들어있던 물 분자가 평균적으로 9,000개나 존재한다.

- 지름이 1mm인 물방울 속에 들어있는 모든 물 분자를 일렬로 세우면 지구를 163바퀴나 돌 수 있다. 이런 물방울이 한 방울만 있어도 빛이 20초 동안 가는 거리(600만 km)에 분자를 세울 수 있다.

- 1L, 1기압, 섭씨 0도의 기체에는 6.02×10^{23}개의 분자가 있다. 이보다 훨씬 작은 1억(10^8)에 대해 생각해보자. 여러분이 1억이란 수를 1부터 세기 시작하면 얼마나 오래 걸려야 다 셀 수 있을까? 1초에 숫자 하나씩, 하루에 12시간씩 세면 6년 4개월이 걸린다. 6.02×10^{23}란 숫자는 이보다 훨씬 더 큰 숫자이다. 1L 안의 기체를 위와 같이 세려면 우주의 나이보다도 훨씬 많은 2경년이나 걸린다. 분자의 수는 정말 많다.

04 physics

열과 에너지

열역학 법칙은 물리학 전반과 관련이 있다. 특히 물리화학과 관련이 깊다.

열역학 0법칙 – 열전도의 법칙

인간의 세계는 불평등할지 모르지만 자연의 세계는 평등하다. 특히 에너지의 세계는 평등을 지향한다. 어느 한 곳의 에너지가 높으면 그 에너지는 주위의 에너지가 낮은 곳으로 흩어져서 결국 에너지는 모두 같게 된다. 대표적인 예로 열에너지를 들 수 있다. 뜨거운 물을 담은 컵이 식는 이유는 컵의 온도가 공기의 온도보다 높아 열이 주위로 퍼져 나가기 때문이다.

열이 퍼지는 이유는 간단하다. 분자들의 운동 때문이다. 뜨거운 분자는 빠르게 움직이고 차가운 분자는 느리게 움직인다. 차가운 물질과 뜨거운 물질이 만나면 두 물질의 분자들도 서로 충돌한다. 뜨거운 물질의 빠른 분자는 차가운 분자와 충돌하여 운동에너지를 잃는다. 차가운 분자는 에너지를 얻는다. 이러한 과정이 반복되면 결국 분자들의 운동에너지는 같아진다. 즉, 같은 온도가 되는 것이다.

진공상태에서 열이 전도되지 않는 이유는 열을 전달하는 분자가 없기 때문이다. 보온병은 이와 같은 원리를 이용해 열을 보존한다.

열전도의 법칙은 열역학 법칙에서 가장 기본적이고 핵심적이므로 열역학 제0법칙으로 불린다.

열역학 제1법칙 - 에너지 보존 법칙

'이 세상 에너지의 총량은 변하지 않는다.'

이 개념이 에너지 보존 법칙의 핵심이다. 다시 말해 에너지는 생성되거나 소멸되지 않는다. 다만 다른 에너지로 변환될 뿐이다.

옛날 사람들은 나무를 태우면 빛과 열에너지가 '생성'된다고 믿었다. 지금도 그렇게 믿는 사람들이 있을 것이다. 그러나 빛과 열 에너지는 나무가 가지고 있던 화학에너지가 '변환'된 것이다. 나무가 연소할 때 줄어든 화학에너지와 변환되어 생성된 빛과 열 에너지의 양은 같다.

운동하는 물체가 마찰에 의해 멈추는 현상 역시 에너지가 소멸되는 것은 아니다. 물체는 운동에너지를 잃지만 마찰 면은 열에너지를 얻는다.

전기 발전도 다른 에너지를 변환시킬 뿐, 없던 에너지를 새로 만드는 것은 아니다. 화력발전은 석탄이나 석유의 화학에너지를, 수력발전은 물의 위치에너지를, 원자력발전소는 질량에너지를 이용해 전기를 생성한다.

이렇듯 세상의 모든 물리적 현상에서 에너지는 언제나 보존된다.

사용할 수 있는 에너지

그렇다면 우리는 왜 에너지 걱정을 할까? 에너지의 양이 변하지 않으면 밤에 불 끄고 자라는 소리를 안 들어도 되지 않을까? 전등을 사용하면 그 에너지는 다른 에너지로 변환되기 때문이다.

문제는 우리가 '사용할 수 있는' 에너지가 줄어든다는 점이다. 전등을 사용하면 전기에너지는 열과 빛에너지로 바뀐다. 전기에너지는 우리가 원하는 일에 사용할 수 있다. 그러나 이미 방출된 열에너지는 사용할 수 없다. 열에너지가 아무리 많아도 선풍기도 돌리지 못하고 TV도 켤 수 없다. 에너지 부족이 언급되는 이유는 원하는 형태로 사용할 수 있는 에너지가 줄어들기 때문이다. 에너지 보존 법칙을 들어 에너지 절약을 반대하는 사람이 있다면 유용한 에너지는 줄어든다는 열역학 제2법칙으로 이를 반박하자.

공기나 바닷물의 어마어마한 저밀도 열에너지를 이용하여 전기 등과 같은 사용가능한 에너지 형태로 쉽게 바꿀 수 있다면 인류는 에너지 부족에서 벗어날 수 있다. 하지만 공기나 바다가 워낙 넓기 때문에 과학자들은 에너지를 모으는 데 드는 에너지가 생산되는 에너지보다 오히려 더 클 것이라 예상한다. 배보다 배꼽이 더 큰 경우라 볼 수 있다. 앞으로 여러분 중 누군가가 이런 한계를 극복한 꿈의 기관을 생각해 낸다면 인류의 에너지난을 풀어준 영웅으로 영원히 기록될 것이다.

열역학 제2법칙 - 엔트로피 증가의 법칙

방에서 생활하다보면 방은 지저분해진다. 어질러진 방을 다시 정돈된 상태로 되돌리려면 '청소'라는 노력이 필요하다. 마찬가지로 자연계에서도 시간이 지날수록 무질서한 정도는 자연스레 늘어난다. 이러한 무질서도를 엔트로피라 부른다.

엔트로피의 증가를 잘 나타내는 예는 확산이다. 투명한 물속에 검은 색 잉크를 몇 방울 떨어뜨리면 처음에는 두 물질의 구분이 뚜렷하다. 이때는 엔트로피가 작다고 말한다. 시간이 지날수록 잉크는 퍼져 물은 회색으로 변한다. 두 물질이 섞여 있으므로 엔트로피가 높다고 말한다.

자연계는 항상 무질서도가 증가하는 쪽으로 변한다. 바꿔 말해 무질서도가 저절로 낮아지는 현상은 일어날 수 없다. 잉크가 물에 퍼지는 과정을 카메라로 녹화해 두었다가 거꾸로 돌려 보면 우리는 경험적으로 어색하다고 느낀다. 자연계에서 일어나지 않는 일이기 때문이다. 이처럼 거꾸로는 일어날 수 없는 현상을 '비가역 현상'이라 부른다. 자연계의 모든 현상은 빠르기의 차이는 있어도 시간이 흐를수록 무질서한 방향으로 변하려는 경향을 띤다. 이를 시간의 화살이라 부른다. 모든 현상은 비가역적이며, 완전한 의미의 가역 현상은 존재하지 않는다.

사람이 늙는 것도 엔트로피의 증가라고 볼 수 있다. 에너지도 엔트로피가 증가한다. 사용가능한 화석 연료는 줄고 열에너지가 방출된다. 오랜 시간이 흐르면 우주에는 물질과 열만 남을 것이다.

그러나 엔트로피가 항상 증가하는 것은 아니다. 분자들이 우연히 서로 모여서 엔트로피가 감소할 수도 있다. 생물체의 진화도 엔트로피가 감소하는 현상이다. 그러나 분자들이 서로 모이는 것은 순간적인 일이고, 생물의 진화로 줄어드는 엔트로피에 비해, 생물을 살아가게 해주는 지구·태양의 엔트로피 증가가 더 크다. 즉, 부분적으로는 엔트로피가 감소할 수 있지만 전체적인 엔트로피는 항상 증가한다. 더구나 어질러진 방을 청소하면 몸이 피곤해지는 것처럼 엔트로피를 감소시키려면 에너지가 필요하다. 여러 군데로 흩어져 버린 입자들을 다시 모아야 하기 때문이다.

열역학 제3법칙 - 절대온도 도달 불가능의 법칙

엔트로피는 시간이 지날수록 커진다. 이는 분자들이 조금이라도 존재하는 한 지속적으로 일어나는 일이다.

만일 분자들이 운동을 멈추면 어떻게 될까? 정지한 분자들은 인력에 의해 규칙적인 결정을 이루거나 서로 응집한다. 무질서도가 높은 상태에서 낮은 상태로 변하는 것이다. 이는 열역학 제2법칙에 위배된다. 분자들은 열역학 제2법칙을 따라야 하기 때문에 절대 0도에 도달하지 못한다는 주장이 열역학 제3법칙이다. 과학자들이 물체를 절대 0도로 냉각시킨 사례는 아직까지 없다.

물에 대해

물은 육각형?

물은 신비한 물질이다. 다른 물질들은 고체가 되면 보통 부피가 줄어드는데 물은 고체인 얼음의 부피가 액체인 물의 부피보다 크다. 물 분자 구조는 온도가 낮아지면 육각형의 결정을 이뤄 더 부피가 커지기 때문이다. 물이 이러한 결정을 이루는 것은 물을 구성하는 원자인 수소가 다른 물 분자 속에 포함된 산소를 좋아하기 때문이다. 이러한 특성으로 인해 물은 섭씨 4도에서 부피가 가장 작다.

물이 얼음이 되면 부피가 늘어나기 때문에 지구상에 생명이 번성할 수 있었다. 강, 호수에서 얼음이 얼면 물 위에 떠 있어 아래쪽의 생명체들을 찬 공기로부터 보호할 수 있었기 때문이다.

수소가 산소를 좋아하기 때문에 일어나는 또 다른 현상은 물의 '표면장력'이다. 표면장력은 물 분자들이 서로를 끌어당겨 일어나는 현상이다. 이 성질 때문에 모세관 현상이 발생하고 물방울은 둥근 모양을 띠며 컵은 자신의 부피보다 약간 많은 양의 물을 담을 수 있다.

스케이트 선수가 얼음 위를 잘 달리는 이유

얼음은 분명 딱딱한 고체이다. 하지만 스케이트 선수들은 얼음 위를 부드럽게 달린다. 매끈한 대리석 바닥에서는 그렇게 하지 못한다.

과학자들은 물이 순간적으로 녹기 때문에 이 현상이 가능하다고 설명했다. 스케이트 날의 압력이 얼음을 일시적으로 녹여 그 물이 윤활유 역할을 한다는 설명이었다. 그러나 이 주장이 그렇게 정확한 것 같지는 않았다. 스케이트 날의 압력으로는 녹기 어려운 매우 낮은 온도의 얼음에서도 스케이트는 잘 나아갔기 때문이다.

정답은 물의 성질에 있었다. 물 분자는 서로 간에 인력이 작용하므로 모든 방면에서 힘을 받아야 안정을 유지한다. 반면, 표면에 있는 물 분자는 아래쪽으로만 잡아당겨져 불안정하다. 이로 인해 다른 분자로부터 쉽게 떨어져 나온 물 분자가 윤활유 역할을 한다.

과학자들도 착각할 수 있다. 잘못을 알았을 때 교정을 하는 것이 올바른 과학자의 자세이다. 우리는 과학자의 주장을 맹목적으로 암기하지 말고 정말 그런지 따져 보면서 이해하는 습관을 가져야겠다. 그러다보면 혹시 새로운 원리를 발견할 수도 있지 않겠는가?

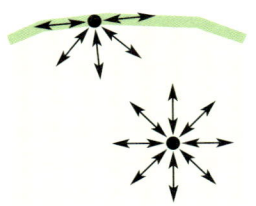

액체 내부의 분자는 사방으로 힘을 받아 움직이지 않지만, 표면의 분자는 아래쪽으로 힘을 받는다. 이로 인해 물은 둥그런 모양을 이루려는 성질을 갖는데 이를 표면장력이라 한다.

〈출처 : www.wikipedia.org〉

우리가 몰랐던 작은세상

좀 더 작은 세계

기체 분자의 움직임에 대해 알아보았으니 이제 분자보다 작은 원자의 세계에 대해 알아보자.

분자/원자의 단위
마이크로 $(\mu) = 10^{-6} = \dfrac{1}{10^6}$ $= \dfrac{1}{1000000}$ 나노 $(n) = 10^{-9}$ 피코 $(p) = 10^{-12}$ 펨토 $(f) = 10^{-15}$ 킬로 $(k) = 10^3$ 메가 $(M) = 10^6$ 기가 $(G) = 10^9$

수소 원자의 지름은 약 0.5nm(나노미터)이다. 1 나노미터는 10억분의 1미터이다. 원자핵은 양전하를 띤 양성자(proton)와 전하가 없는 중성자(neutron)로 이루어져 있다. 모든 원자는 양성자를 가지고 있으며 그 수는 음전하를 띤 전자(electron)의 수와 일치한다.

원자의 종류가 다르면 양성자의 수도 다르다. 이 양성자의 개수에 따라 그 물질의 성질이 달라진다.

전자는 원자핵 주위를 돌며 양전하를 상쇄시키지만 일시적으로 원자에 들어오거나 나갈 수도 있다. 전자의 무게는 양성자의 약 1/1840 에 지나지 않는다.

중성자는 양성자와 전자가 결합한 입자이므로 양성자보다 약간 더 무겁다. 전하도 없고 다른 입자와 상호교류도 잘 하지 않지만 핵반응과 물질 탐구에 있어 중요한 역할을 한다.

양성자 – 원자의 특성을 좌우

원자의 특징은 양성자에 의해 가장 크게 좌우된다. 전자나 중성자는 몇 개 있거나 없어도 되지만 양성자가 하나 빠지면 완전히 다른 물질이 되어 버리기 때문이다. 예를 들어 금의 원자핵에서 양성자를 하나 빼면 수은으로 바뀐다.

양성자는 양전하를 띤 입자이다. 같은 전하끼리는 서로 반발하는 성질을 지니고 있다. 그렇다면 어떻게 같은 전하를 띤 양성자끼리 뭉쳐 있을 수 있을까?

그 답은 바로 '강한 핵력(核力, nuclear force)'에 있다. 강한 핵력은 자연계를 구성하는 네 가지 힘(중력, 전자기력, 강한 핵력, 약한 핵력) 중의 하나로서 양성자를 묶는 역할을 한다. 강한 핵력

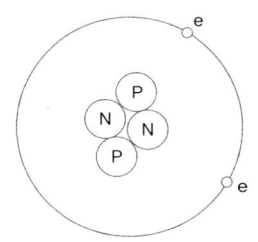

양성자와 중성자로 구성된 원자핵 주위에 전자들이 위치한다. 사실 그림은 스케일에 맞게 그려진 것은 아니다. 원자핵이 야구공 크기이면, 전자는 쌀알 크기이며, 전자의 궤도는 야구장 정도이다.

(보통 강력이라고 부른다)은 매우 짧은 거리에서만 작용하는 특징이 있다.

▼ 원소별 양성자 수

원소	양성자 수 (원자번호)
H (수소)	1
C (탄소)	6
O (산소)	8
Na (나트륨)	11
Fe (철)	26
Cu (구리)	29

강력이 셀수록 양성자들이 단단히 뭉쳐 있어 안정된 구조를 이룬다. 강력이 약한 원자로는 우라늄을 들 수 있다. 우라늄 원자핵은 그냥 내버려 두어도 분열하여 납으로 바뀐다. 우라늄은 45억 년마다 남아있는 원자의 반이 납으로 바뀐다. 처음 45억 년이 지나면 처음의 1/2, 그 다음 45억 년이 지나면 1/4, 1/8, 1/16만이 우라늄으로 남아 있다. 이렇게 반으로 줄어드는 기간을 반감기라고 부르며 물질의 연대 측정에 많은 도움을 준다.

반감기를 갖는 물질은 이 외에도 플루토늄, 라듐, 탄소14 등이 있다. 탄소14의 반감기는 8600년으로 매 반감기마다 남은 탄소14의 반이 탄소 12로 변한다. 탄소14는 반감기가 비교적 짧아 고고학에서 유물 연대 측정에 사용된다.

강력의 실체는?

강한 핵력은 반발력을 지닌 양성자와 중성자를 결합하는 힘이다. 강한 핵력은 어떻게 발생할까? 그 원인은 파이 중간자(π meson)에 있다. 1935년 일본의 유가와 히데키(1907~1981)는 양성자와 중성자들이 중간자라는 입자를 교환함으로써 인력이 작용한다고 주장하였다. 그 후 중간자가 발견되어 유가와의 주장이 입증되었다. 이 공로로 유가와는 1949년 노벨 물리학상을 수상한다.

중간자의 역할은 강력 매개에만 국한되어 있지 않다. 중간자를 주고받으면서 양성자는 중성자로, 중성자는 양성자로 변하는 과정이 원자핵 내에서 반복된다.

전자 - 원자계의 프리랜서

전자는 자유로운 입자이다. 원자에서 빠져나가 다른 원자에 들어가기도 하고, 어느 원자에게도 소속되지 않을 수 있기 때문이다.

전자는 원자핵 주위를 몇 겹으로 돈다. 첫 번째 겹에는 2개, 두 번째 겹에는 8개, 세 번째 겹에는 18, 네 번째 겹에는 32개까지 들어갈 수 있는 등 각 겹에 들어가는 전자의 개수가 정해져 있다. 주기율표를 보면 리튬과 나트륨처럼 같은 세로 줄에 있는 원자끼리는 성질이 비슷하다. 원자의 제일 바깥쪽에 있는 전자의 수가 같기 때문이다. 이런 전자를 최외각전자, 혹은 원자가전자라 부른다. 최외각전자의 수는 그 원자가 어떤 결합을 할지, 광자에 대해 어떻게 반응할지 등의 성질을 결정하기 때문에 원자의 성질에 많은 영향을 미친다. 예를 들어 금이 아름다운

일본의 교토(京東)대학교에 가면 유가와 히데키 기념관이 있다. 그곳에는 유가와 히데키가 실제 사용하던 연구실, 책상, 의자, 책들이 보존되어 있다. 나는 2006년 일본을 방문했을 때 그가 실제 사용하던 책상과 의자에 앉아 물리학도의 꿈을 다졌다.

광택을 내는 이유는 최외곽전자의 특별한 배열 때문이다. 네온, 아르곤 등의 기체가 다른 물질과 잘 반응하지 않는 이유도 최외곽전자 껍질이 꽉 차 있어 전자 교환을 잘 하지 않기 때문이다.

중성자 - 중요한 입자

같은 원자라면 양성자와 전자는 개수가 같지만 중성자는 그 수가 다를 수 있다. 같은 원자라도 중성자를 더 많이 가진 원자는 보통 원자에 비해 더 무겁다. 주기율표에서 원자량이 자연수가 아니라 소수인 까닭은 중성자가 있는 원자와 없는 원자의 평균을 내서 원자량을 계산하기 때문이다. 예를 들어, 수소의 **원자량** 1.0080은 수소와 중수소 그리고 삼중수소의 분포의 비율에 따라 평균 원자량을 계산한 것이다.

중성자는 과거의 사건을 알아내는 데에도 사용된다. 중성자를 더 가진 수소나 산소는 보통의 수소, 산소에 비해 더 무겁다. 이런 원자가 물 분자(H_2O)에 포함되어 있다면 그 물 분자도 보통 분자보다 무겁다.

물이 증발하면 가벼운 물 분자와 무거운 물 분자 중 어느 것이 먼저 증발할까? 의심할 여지없이 가벼운 것이 더 잘 날아갈 것이다. 따라서 비, 눈 등 외부에서 물이 유입되지 않으면 무거운 물이 차지하는 비율은 계속

 원자량

보통 탄소의 질량을 12로 놓았을 때 다른 원자들의 질량 비교값

증가한다. 과학자들은 무거운 물 분자의 비율을 측정해 물이 얼마나 오래 외부와 고립되어 있었는지 알아낸다. 무거운 물의 비율이 높을수록 그 물은 오랫동안 외부와 고립되어 있다고 추정할 수 있다. 또한 과거 지층에서 무거운 산소의 비율을 측정하면 당시의 기온도 파악할 수 있다.

우주의 초기 상태를 파악하는 데에도 중성자가 필요하다. 초기의 우주는 고온이었으므로 전자와 양성자, 중성자가 서로 떨어진 상태였다. 중성자는 원자핵 안에 있지 않고 외부에 있으면 스스로 붕괴하는 성질이 있다. 중성자가 있어야만 수소 핵융합이 일어나 헬륨이 생성되므로 중성자의 안정 지속 시간은 태초 헬륨 생산에 중요한 역할을 하였다. 중성자가 더 오랫동안 반감하지 않았다면 현 우주에는 더 많은 헬륨이 존재할 것이다. 중성자의 반감기는 약 10.5분으로 현재의 수소 75%, 헬륨 25%의 우주 물질 조성과 잘 일치한다. 이는 우주 팽창이론을 지지해 주는 증거이다.

그보다 더 작은 세계

지금까지 알아본 가장 작은 입자는 전자, 양성자, 중성자이다. 그렇다면 이보다 작은 입자는 어떤 것일까? 아직 전자가 어떤 입자로 이뤄졌는지 찾지 못했지만 양성자와 중성자를 구성하는 입자는 어느 정도 밝혀졌다.

중성자와 양성자를 이루는 입자는 쿼크(quark)이다. 쿼크는 게오르크츠 바이크와 겔만에 의해 이론적으로 예상되었다. 실험적으로는 스탠포드 대학교의 과학자들이 물질에 전자빔을 쏘아 찾아냈다. 러더퍼드가 양성자의 존재를 알아내기 위해 원자에 빔을 쏘았던 것과 유사한 실험이었다.

쿼크에는 6 가지 종류가 있다. 그 중 양성자와 중성자를 이루는 것은 업쿼크(up-quark)와 다운쿼크(down-quark)이다. 양성자의 전하를 +1로 보았을 때 업쿼크의 전하는 +2/3이며 다운쿼크의 전하는 −1/3이다.

양성자와 중성자는 각각 3개의 쿼크로 이루어져 있다. 양성자는 업쿼크 2개와 다운쿼크 1개로 되어 있다. 이 경우 전체 전하는 +3/3, 즉 +1이 된다. 중성자는 업쿼크 1개와 다운쿼크 2개로 이루어져 있다. 전하는 0/3, 0이 된다. 정말 놀라운 일이 아닌가. 2종류의 쿼크가 3개씩 결합하여 양성자와 중성자를 만들어 내다니, 자연의 신비로움에 놀랄 수밖에 없다.

양성자와 중성자를 이루는 쿼크들은 어떻게 서로 떨어지지 않을까? 답은 바로 글루온(gluon)이라는 입자에 있다. 글루온이라는 이름은 풀(glue)에서 유래한 것이다. 글루온은 강한 핵력을 전달하는 입자들을 통틀어 말한다. 그 이름대로 역장(force-field)을 형성하여 쿼크를 붙잡아 두는 역할을 한다. 글루온은 쿼크뿐만 아니라 양성자와 중성자를 붙잡아 두는 강한 핵력의 역할을 하기도 한다. 앞서 말한 파이 중간자는 이러한 글루온의 한 종류이다.

작은 세계를 보는 눈

쿼크와 같은 미립자를 탐구하는 분야는 물리학에서도 최첨단 분야이다. 우리가 전혀 볼 수 없는 세계를 연구하므로 여러 가지 수학적 가설이

동원되며 초정밀 실험 기술이 요구된다. 때문에 미립자 연구는 미국과 유럽의 거대 연구소에서 막대한 연구비를 바탕으로 이뤄지고 있고, 우리나라에서는 이 분야 연구가 이제 막 시작되고 있다.

미립자 연구에서 가장 중요한 연구도구는 입자가속기(particle accelerator)이다. 입자가속기는 커다란 통로가 원이나 직선 형태를 이루는 기구이다. 원형 입자가속기의 반지름은 몇 km에 이르기도 한다. 가속기 내의 입자가 전자기력으로 인해 광속에 가깝게 가속되면 높은 에너지를 가진다. 그 입자들이 정면 충돌하면 작은 입자들로 나누어진다. 또는 그들의 에너지가 새로운 입자를 만드는데 쓰인다. 과학자들은 이런 방법으로 새로운 입자들을 찾아낸다. 이런 입자들은 매우 불안정하기 때문에 짧은 시간 동안만 존재할 수 있으며 그 후에는 안정된 입자로 변하거나 붕괴한다.

이렇게 해서 밝혀진 입자들 중에 뮤온이라는 입자가 있다. 뮤온은 다른 성질은 모두 전자와 같으나 다만 그 질량이 전자에 비해 200배 정도 크

 물질의 크기

어렸을 적 이 노래를 한번쯤은 들어보았을 것이다.
바위를 쪼개면 돌멩이. 돌멩이 쪼개면 모래. 이 노래를 계속 이어가면 어떻게 될까. 모래 다음은 아마 분자가 될 것이다. 분자 다음은 원자이고, 원자는 또다시 원자핵과 전자로 나누어진다. 이 중 더 크고 무거운 핵을 쪼개면 중성자와 양성자로 나누어진다. 양성자와 중성자는 각각 쿼크로 이루어져 있고, 쿼크는 지금까지 발견된 가장 작은 물질이다. 앞으로 또 어떤 작은 물질이 발견될지는 알 수 없다.
종합해 보면 물질의 크기는 덩어리(일상생활에서 보는 물건)-분자-원자-원자핵과 전자-양성자와 중성자-쿼크 순이다.

다. 타우온 역시 전자와 성질이 동일하나 뮤온에 비해서도 더 무거운 입자이다. 쿼크도 입자가속기를 통해 발견되었다. 우리나라에는 포항공대에 연구용 양성자 가속기가 설치되어 있다. 미국의 페르미 연구소, 캘리포니아 공과 대학, 유럽의 CERN(유럽핵연구소) 등 미국, 유럽은 다수의 거대 입자가속기를 보유하고 있다. 2008년부터는 둘레 27km로 세계 최대 입자가속기인 CERN의 LHC(large hadron collider, 거대 강입자 가속기)가 완공 단계에 있다.

부피와 표면적

브라운 운동

브라운 운동이란 식물학자 브라운(R. Brown, 1773~1858)이 발견한 현상으로 물 위에 꽃가루를 뿌리면 꽃가루가 불규칙하게 움직이는 현상을 일컫는다. 식물학자 브라운은 이 현상이 꽃가루에 생명이 깃들어 있음을 말해 준다고 주장하였다. 하지만 꽃가루만이 아닌 다른 가루도 같은 운동을 하는 것이 문제였다. 후에 이 현상은 분자 운동에 의해 일어나는 것으로 밝혀졌다.

힘의 표형형

알갱이가 물 위에 떨어지면 물 분자는 끊임없이 알갱이와 충돌하게 된다. 알갱이가 큰 경우에는 한쪽으로 물 분자가 몇 개 부딪힌다고 크게 움직이지 않지만, 꽃가루 같이 작은 알갱이들은 한쪽으로 몇 개만 더 충돌해

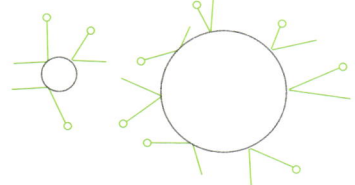

작은 물체는 표면적이 작으므로 물분자와의 충돌수가 적다. 따라서 힘의 평형을 잃을 가능성이 높다. 반면 표면적이 큰 물체는 많은 수의 물분자와 충돌하므로 여러 방향의 힘은 대체적으로 평형을 이룬다.

도 그쪽으로 움직인다. 때문에 꽃가루들은 물 분자와의 충돌로 인해 전혀 예측하지 못하는 방향으로 마구 움직이는 것이다.

우리는 꽃가루 하나하나의 움직임은 예측할 수 없다. 그러나 꽃가루 전체가 움직이는 양상은 예측 가능하다. 예를 들어, 꽃가루 알갱이 하나가 1분 후에 어디 있을지, 어떻게 움직이는지는 예측하지 못해도 1분 후에 전체 꽃가루가 얼마나 퍼져 있을지에 대한 개략적인 분포는 예측할 수 있다.

통계를 이용한 입자 움직임 예측

브라운 운동에서 각 입자 하나하나가 어떻게 움직일지는 알 수 없다. 이 같은 경우에는 주로 통계적 예측을 이용한다. 컴퓨터 시뮬레이션(모의실험)을 통해 입자의 분포를 예측하면 다음과 같다.

$$(\text{입자들의 평균 이동 거리})^2 = kt$$

k는 상수, t는 시간

56

물리학에서는 이처럼 각각의 움직임은 전혀 알 수 없어도 전체적인 관점에서는 예측할 수 있는 경우가 많다.

대표적인 예가 바로 우라늄의 분열이다. 자연 상태의 우라늄은 45억 년마다 전체 우라늄의 반이 납으로 변화한다. 우라늄 원자 하나가 언제 납으로 변화할지는 전혀 알 수 없다. 다만 많은 수의 우라늄이 있을 경우 대략 몇 개 정도의 우라늄이 분열할 지는 예측 가능하다. 하지만 많은 수의 우라늄이 있더라도 그것들은 모두 불규칙적으로 납으로 변화하기 때문에 항상 이론적인 내용을 완벽히 따르지는 않는다. 바꿔 말하면, 우라늄원자들이 서로 의사소통이 되어 45억 년 후에 정확히 절반의 원자만이 납으로 변화하자고 서로 토의할 수 없다는 것이다. 따라서 45억 년 후에 붕괴된 우라늄의 양은 절반을 초과하거나 미달할 수도 있다. 하지만 우리는 개체수가 많을수록 현상의 결과는 확률로 예측되는 기댓값을 따른다는 사실을 알고 있다. 우라늄 원자가 많을수록 이론적 예측과 잘 부합한다는 뜻이다.

 큰 수의 법칙(the law of large numbers)

시행의 횟수가 많을수록 시행의 분포는 기대값을 따른다. 예를 들어 주사위를 10번 던지면 각각의 눈이 나온 비는 1 : 1 : 1 : 1 : 1 : 1에서 크게 벗어나지만 시행을 많이 할수록 이 비는 1 : 1 : 1 : 1 : 1 : 1에 가까워진다.
동전을 던지는 경우도 마찬가지다. 10번 던지면 나온 앞뒷면의 비율이 약간 차이가 있겠지만, 백만 번쯤 던지면 앞뒷면이 나온 횟수의 비는 1 : 1에 가까워진다.

큰 입자와 작은 입자의 차이 - 브라운 운동 관련

혹시 주위에 스티로폼이 있다면 한 가지 실험을 할 수 있다. 우선 스티로폼을 들고 바람이 살랑살랑 부는 야외로 나가라. 바로 집 앞도 좋고 학교 운동장도 좋다. 거기서 스티로폼 작은 알갱이 하나를 떼어낸 뒤 머리 위로 들어 떨어뜨려 보자. 스티로폼 조각은 멀리 날아가거나 옆으로 많이 이동하며 땅에 떨어질 것이다. 그럼 커다란 스티로폼 덩어리를 떨어뜨려 보자. 작은 스티로폼 알갱이보다 더 빨리 땅에 수직으로 떨어질 것이다.

두 경우의 차이는 무엇일까? 작은 스티로폼이나 큰 스티로폼이나 밀도도 같고 표면 재질도 같다. 다만 다른 점이 있다면 부피이다. 이 문제의 해답은 아래 부분을 읽어가다 보면 자연스레 알 수 있을 것이다.

중학교에서 배운 수학 공식

중학교 1학년에 배운 수학 공식을 더듬어 보자. 구의 겉넓이와 부피를 구하는 공식이 뭘까?

$$S = 4\pi r^2, \quad V = \frac{4}{3}\pi r^3$$

구의 겉넓이는 반지름의 제곱에 비례하고, 부피는 반지름의 세제곱에 비례한다.

밀도는 같고 부피가 큰 공과 작은 공이 있다고 가정해 보자. 질량에 비해 겉넓이가 더 넓은 쪽(겉넓이/무게가 큰 쪽)은 어디일까? 부피가 작은 공이 무게에 비해 겉넓이가 더 넓다. 반면 부피가 큰 공은 무게에 비해 겉넓이가 작다. 모두 겉넓이는 반지름의 제곱에, 부피는 세제곱에 비례하기 때문에 나타나는 결과이다.

반지름 크기	부피 (무게와 비례)	겉넓이	겉넓이/무게	특징
5	294	314	1.06	단위 무게당 겉넓이가 크므로 저항의 영향을 많이 받는다.
15	7948	2826	0.35	단위 무게당 겉넓이가 작아 저항의 영향을 적게 받는다.

큰 것과 작은 것의 차이

눈을 만드는 구름은 모두 얼음입자로 되어 있다. 얼음입자는 혼자서는 둥둥 떠다니지만 모이면 눈이 되어 아래로 떨어지는 이유가 무엇일까? 또한 무겁디무거운 돌멩이도 잘게 부숴버리면 공기 중을 날아다니는 먼지가 되어 버린다. 잘게 부순다고 밀도가 변하는 것도 아닌데 왜 그럴까? 움직이는 공기 중에서 물체가 받는 힘은 물체의 겉넓이에 비례한다. 부피가 작은 물체일수록 무게는 가볍고 겉넓이는 상대적으로 넓어서 더 많은 저항을 받는다. 그러므로 구름 입자들은 저 높은 하늘 위에서도 약간의 바람만으로 항시 떠있을 수 있는 것이다. 먼지 입자들도 마찬가지다. 바닥에 쌓인 먼지들은 손바람만 일으켜도 피어오른다.

세포들이 분열하는 것도 같은 원리이다. 세포가 커지면 커질수록 영양분 교환을 할 수 있는 세포의 표면적이 부피에 비해 점점 작아진다. 이때 세포가 둘로 나누어지면, 부피가 작아져 무게에 대한 표면적의 비가 증가해 원활한 영양분 교환이 가능해진다.

동물의 세계에도 이 원리는 적용된다. 같은 종의 동물들을 보면 추운 곳에 사는 동물이 더운 곳에 사는 동물보다 대체적으로 몸집이 크다. 여우의 경우 사막 여우는 몸집이 작은 반면, 북극 여우는 몸집이 크다. 남극의 펭귄 역시 추운 곳에 사는 펭귄일수록 몸집이 크다. 따뜻한 곳의 동물은 표면적의 비를 늘려 발열량을 늘리는 반면, 차가운 곳에 사는 동물은 몸집을 키워 체구에 비해 표면적을 작게 한다. 동물들의 이러한 특성을 베르그만의 법칙(Bergmann's rule)이라 부른다.

초전도체, 꿈의 신소재

도체의 저항

저항은 전자의 흐름을 방해하여 전기에너지를 열에너지로 변환하는 성질이다. 저항은 자유전자가 도체의 원자핵과 충돌하기 때문에 발생한다. 이때 자유전자는 자신의 에너지를 잃으며 원자핵에 에너지를 전달하기 때문에 열이 발생한다.

전기를 보낼 때 어느 전선에서나 저항으로 인해 전기에너지의 일부가 손실되므로 저항은 송전의 가장 큰 걸림돌이다. 전력 손실을 줄이기 위해 발전소에서는 높은 전압으로 전기를 보내는데, 알다시피 전압이 높으면 그만큼 위험하다. 일반 가정집에서 과다한 전기를 사용하면 저항으로 인해 전선이 과열되어 화재가 발생하는 경우도 있다.

물론 저항을 유익하게 이용할 수도 있다. 저항의 열은 백열등 필라멘트의 빛을 만들고 전기난로에서 발생하는 열도 저항이 없다면 불가능하다.

전기전도율이 가장 높은, 즉 저항이 작은 금속은 은이다. 하지만 은이

꽤 비싸기 때문에 전선으로 사용하기는 어렵다. 두 번째로 전도율이 좋은 금속은 구리이다. 구리는 가격도 적당하고 우리 주위에 많이 있기 때문에 전선의 재료로 많이 쓰인다. 하지만 구리에도 어느 정도의 저항이 있기 때문에 저항이 매우 작아야 하는 몇몇 분야에서는 사용할 수 없는 경우도 있다.

초전도체의 신비

우리는 과학시간에 모든 물체에는 전자의 흐름을 방해하는 성질, 저항이 있다고 배웠다. 하지만 특정한 환경에서는 저항이 전혀 없는 꿈의 도체를 만들 수 있다.

일부 물질은 온도가 절대 영도(–273도)에 가까워지면 저항이 전혀 나타나지 않는다. 제일 처음 이 현상을 발견한 사람은 네덜란드의 오네스(H. Onnes, 1853~1926)이다. 그는 1911년 수은의 온도를 서서히 내리며 전기 저항을 측정하다가 약 4K 아래로 수은의 온도가 내려가자 서서히 내려가던 수은의 전기 저항이 갑자기 0이 되는 현상을 발견했다.

곧 다른 물질에서도 초전도 현상이 발견되고 과학자들은 더 높은 온도에서 초전도체가 되는 물질을 찾기 위해 노력했다. 초전도체는 그 임계온도(어떤 물체가 초전도 현상을 보이는 가장 높은 온도)가 높을수록 좋다. 그만큼 온도를 덜 낮춰도 초전도체를 구현할 수 있기 때문이다. 그후 니오브-티탄(9K), 니오븀주석(18K) 등 임계온도가 높은 물질을 계속 찾아냈고 지금도 임계온도는 점점 높아지고 있다. 과학자들의 궁극적 목표는 상온(常溫, 일상적인 온도, 약 섭씨 15도) 초전도 현상이다. 상온에서도 초전도 현상을 보이는 물질이 발견되면 우리 생활과 산업에 커다란 발전을 가져다 줄 것이다.

부양하는 초전도체

초전도체의 신비한 점 중의 하나가 자석과 작용하는 척력이다. 자석 위에 초전도체를 올려 놓으면 초전도체가 뜨는 모습을 관찰할 수 있는데 이는 자석과 초전도체 사이에 척력이 작용하기 때문이다. 척력이 작용하는 이유는 초전도체가 자기장을 밀어내는 성질이 있기 때문이다.

이는 초전도체가 완벽한 비자성체인 사실에 기인한다. 비자성체란 자신의 내부에 자기장을 통과시키지 않는 물질을 뜻한다. 초전도체 주위의 자기력선을 보면 대다수의 자기장이 초전도체를 비켜가는 것을 볼 수 있다.

초전도 물질은 자기장을 밀어내는 성질이 있다. 초전도체에 따라 자기장을 투과시키는 양이 다르며 이에 따라 초전도체의 종류가 나눠진다. 초전도 물질 아래쪽의 자기장 밀도가 높으므로 초전도체는 부유한다.

〈출처 : www.wikipedia.org〉

고등학교에서 도선이 자기장 안에서 힘을 받는 이유는 도선에 힘을 주는 쪽의 자기장 밀도는 높고 힘을 받는 쪽의 자기장 밀도는 낮기 때문이라고 배웠을 것이다. 이처럼 자연계 대부분의 흐름은 높은 곳에서 낮은 쪽으로 흐른다.

초전도체도 마찬가지다. 초전도체 주위로 통과 못하는 자기장이 많으므로 자기장 밀도의 균형이 깨져 초전도체는 힘을 받는다. 초전도체가 다른 물질처럼 자기장을 통과시킨다면 초전도체의 아래쪽과 위쪽은 자기장 밀도 차이가 없어지므로 받는 힘은 더 줄어들 것이다.

초전도체의 활용 분야 – 전기 저항의 특성 이용 분야

초전도체의 장점은 전기 저항이 없다는 점이다. 따라서 초전도체가 실용화된다면 전력을 전송하기 위해 두꺼운 전선이나 여러 개의 전선을 사용할 필요 없이 단 하나의 전선으로 많은 양의 전류를 보낼 수 있다.

슈퍼컴퓨터에서 저항에 의해 발생하는 열을 제어하는 것은 매우 중요한 일이다. 성능이 뛰어난 슈퍼컴퓨터일수록 부피가 크고 많은 열이 발생하기 때문에 최근들어 고집적 프로세서를 만드는 것도 이 열을 최소화하기 위해서다. 초전도체를 회로에 사용하면 현재보다 뛰어난 성능의 슈퍼컴퓨터를 만들 수 있다.

초전도체는 방대한 양의 전기를 저장하는 용도로도 사용될 수 있다. 초전도체 전선을 원형으로 만든 뒤에 여기에 전기를 가해 주면 전류는 회로를 따라 돈다. 기존의 전선을 사용한다면 전기가 회로를 도는 동안 저항으로 인해 전류가 손실된다. 그러나 초전도체는 몇 년이고 계속 돌아도 전류 손실이 전혀 없다.

소량의 전기만을 저장하는 현재의 전기 저장 장치(건전지, 축전지 등)에 비해 많은 전기를 저장할 수 있는 초전도체 배터리가 개발되면 발전소는 이를 환영할 것이다. 발전소에서 만든 전기는 가정에서 사용하지 않으면 그냥 버려지게 된다. 초전도체 전지로 전기 사용량이 적을 때 발전소에서 나오는 전기를 저장해 두었다가 전기 소비량이 많을 때 이를 내보냄으로서 전기에너지를 절약할 수 있다. 전기가 흐르면 주위에 자기장이 형성되는데 초전도체 전지는 많은 전기를 저장하기 때문에 주위에 강한 자기장을 만든다. 이러한 자기장은 주위의 전자기기에 좋지 못한 영향을 미치므로 초전도체 전지는 지하 깊은 곳에 설치되어야 한다는 단점이 있다.

초전도체의 활용 분야 - 자기장의 특성 분야

초전도체는 전기 저항이 없다는 특성 외에도 초전도 성질을 띠게 되는 순간의 자기장을 기억하는 특성을 가지고 있다. 일정한 자기장 내에서 온도를 낮춰 초전도체를 만들 경우, 초전도체는 그때의 자기장을 내부에 '기억' 한다. 예를 들어 바닥에 자석을 설치한 후 나무 조각을 놓은 뒤 그 위에서 금속의 온도를 낮춰 초전도체로 만들면 나무 조각을 치워도 초전도체는 그대로 떠있는다. 초전도체를 밀고 당겨 보아도 웬만해서는 초전도체는 그 자리를 그대로 지킨다. 초전도체는 자신이 초전도체가 될 때의 내부를 통과하는 자기력을 구조적으로 기억하여, 그 자기장이 변하면 저항력이 발생한다.

이 성질은 특히 자기부상열차에 이용될 수 있다. 바닥과 열차 밑면 중 한쪽은 초전도체, 다른 쪽은 자석으로 만들면 부양해서 움직이는 자기부상열차를 만드는 것이 가능하다.

초전도 현상의 원리

앞서 말했듯이 도체의 저항은 전자가 원자핵에 부딪혀 발생한다. 그렇다면 낮은 온도에서 덜 진동하는 원자핵에 더 적은 수의 전자가 부딪혀 저항이 줄어드는 것은 이해하겠지만, 어째서 저항이 완전히 0이 될 수 있을까? 온도가 아무리 낮아도 많은 수의 전자가 이동하면 원자핵과 충돌이 일어나서 저항이 발생할 것 같지만 실제로는 그렇지 않다. 왜 그럴까?

도체 안에서 전자의 이동은 주위의 원자핵들에게 영향을 미친다. 서로 반대되는 전하를 가지고 있기 때문에 한번 전자가 지나가면 원자핵들이 전자가 지나온 쪽으로 이동하게 된다. 그 곳에는 다른 곳보다 강한 양전하가 생성되어 또 다른 전자들을 끌어들인다. 원자핵 사이로 난 그 길목을 통과하는 전자들은 원자핵과 충돌 없이 계속 도체 내부를 지나간다. 마치 많은 눈이 내린 설원에 처음으로 한 사람이 걸어가면 나중에 온 다른 사람들도 그 발자국을 따라가 결국에는 길이 되는 원리와 같다. 한번 지나간 길은 지나가기 더 쉽기 때문에 사람들이 몰리는 것이다. 이때 전자들은 언제나 2개씩 짝지어 움직이는데 이것을 쿠퍼 쌍이라 한다. 이러한 내용을 설명하는 것이 BCS(이론의 창시자인 Bardeen, Cooper, Schrieffer 세 사람의 머리글자를 따서 이름을 지었다) 이론이다.

초전도체 실용의 문제점

문제점이 없어 보이는 초전도체도 실용화되기에 장애가 되는 큰 결점이 하나 있다. 바로 낮은 온도이다. 2007년 10월까지의 기술력으로는 탈륨, 수은, 구리, 바륨, 칼슘, 산소로 이루어진 물질에서 나타난 137K가 가장 높은 임계온도이다. 가장 이상적인 초전도체의 조건은 상온에서 초전도 성질을 나타내는 것이다. 만일 그렇게만 된다면 위에서 언급한 장점들을 모두 실현할 수 있다. 초전도 현상을 연구하는 과학자들의 최대 목표는 빠른 시일 내에 이 임계온도를 높이는 것이다.

집중탐구

절대 영도까지 가는 멀고 먼 길

인간은 아직 어떠한 물체도 절대 0도 상태까지 다다르게 하지 못하였다. 이 일은 불가능하거나 가능해도 먼 미래에나 일어날 것이다. 어떤 경우에도 절대 영도에 도달하지 못하는 이유를 알아보자.

★ 이유 1_ 주위의 영향

뜨거운 물을 밖에 놔두면 금세 식어버린다. 차가운 물은 밖에 놔두면 미지근해 진다. 이처럼 물질은 주위 온도의 영향을 받는다. 자연 상태에서 열이 높은 곳에서 낮은 쪽으로 이동해 균형을 이루려는 성질을 열평형이라고 부른다.

공기 중에서 물체를 냉각시킨다고 생각해보자. 공기 분자들이 끊임없이 열에너지를 전달해 주어 절대 영도에 다다르지 못한다. 주위 공간이 모두 절대 영도가 아닌 이상, 아무리 차가운 공기도 물체에 열에너지를 전달하기 때문이다.

🔍 물질의 열복사

열에너지를 가진 물체는 복사파를 방출한다. 이 책도 복사파를 내뿜는다. 그렇지 않으면 당신의 체온, 햇빛, 전등빛 등에서 나오는 전자기파에 의해 이 책은 계속 뜨거워진다.

보통 온도의 물체는 진동수가 낮은(낮은 에너지의) 복사파를 내뿜는다. 이는 적외선으로서 우리 눈에는 보이지 않는다. 온도가 높아져 진동수가 커지면 우리 눈에 보이기도 하는데 뜨거운 쇳물에서 나오는 빨간 빛이 그런 예이다.

그렇다면 진공에서는 어떨까? 진공에서는 열을 전달해 주는 매질이 없기 때문에 주위의 영향에서 자유롭지 않을까?

열을 가진 물체는 복사파를 내뿜는다. 이 세상 모든 곳에서, 심지어 우주에서도, 복사파들이 쏟아져 들어온다. 물체를 진공상태로 유지시키는 밀폐된 통에서도 복사가 일어난다. 복사파를 차단하기 위한 장치를 설치해도 그 장치에서 복사파가 발생하여 열에너지를 전달한다.

이러한 문제들을 해결하려면 우주상의 모든 물체가 절대 영도이어야 한다. 하지만 이것이 과연 가능하겠는가?

★ 이유 2_ 열역학 제2법칙

자연 상태에서 엔트로피는 증가하는 방향으로 흐른다. 한 상자 안의 기체 분자는 균일하게 퍼져 있으므로 엔트로피가 높은 상태이다. 만일 기체가 절대 영도에 다다르게 된다면 분자들은 운동에너지를 잃고 서로간의 인력으로 모두 한 곳에 모여 있는, 엔트로피가 낮은 상태가 된다.

열역학 제2법칙에 의하면 엔트로피는 별도의 에너지가 가해지지 않는 한 그대로 유지되거나 더 높아진다. 어떤 물체를 냉각시킨다고 해서 엔트로피가 감소하지는 않는다. 만일 냉각으로 인해 엔트로피가 감소한다면 열역학 제2법칙과 부합하지 않는다.

열역학 제2법칙이 옳다고 가정한다면, 물체는 절대 영도에 도달하지 못할 것이다.

레이저 트랩 – 세상에서 가장 뛰어난 냉각기

인류는 아직 절대 영도에 도달하지 못했다. 하지만 절대 영도에서 1/1000도 높은 온도(0.001K)까지는 도달하였다.

과학자들은 어떻게 절대 영도에 가까운 온도까지 도달할 수 있었을까? 해답은 레이저 트랩이라 불리는 기술에 있다.

레이저 트랩이란 원자의 6방향에서 레이저를 쏘아 원자의 움직임을 느리게(둔하게) 하여 온도를 낮추는 장치이다. 도플러 효과에 의해 원자는 진행방향으로 저항력을 받아 속도가 점점 줄어든다. 도플러 효과는 다음에 자세히 설명할 것이다.

움직이는 원자는 각 방향(좌우, 앞뒤, 위아래)에서 레이저를 받는다. 원자가 어떤 한 방향으로 움직이면 그 방향으로부터 더 높은 진동수의 레이저가 전달된다. 원자는 다른 방향보다 높은 저항을 받게 되어 반대 방향으로 나아간다. 반대쪽에서도 같은 현상이 일어나므로 원자는 점점 운동에너지를 잃는다. 결국 원자는 한 곳에 정지하게 된다. 이때가 바로 절대 영도 상태이다.

하지만 완전한 절대 영도까지는 아직 도달하지 못하였다. 아무리 멈추게 하려 하여도 원자가 미세한 진동을 하기 때문이다.

물체의 양쪽에서 같은 진동수의 빛이 오고 있다. 물체가 오른쪽으로 움직이면 단위시간당 오른쪽 빛에서 받는 마루와 골의 개수가 더 많다. 물체에게는 오른쪽 파동의 진동수가 더 높게 느껴진다. 이것이 도플러 효과이다. 높은 진동수의 빛에 의해 물체는 저항력을 받고 점점 느려진다.

chapter 3

상대성 이론의 산

The Mountain of Relativity Theory

해발 3,298m

멋있게 솟은 산이다. 처음에는 길이 약간 험하지만 조금 올라가다 보면 다른 산에서는 볼 수 없는 멋진 풍경이 펼쳐진다.

상대성 원리란 무엇인가

상대론의 ABC

과학을 접해본 사람들은 모두 아인슈타인(Albert Einstein, 1879~1955)의 상대성 이론에 대해 들어봤을 것이다. 아인슈타인의 이름을 딴 식품, 상대론을 소개하는 동요가 있을 정도로 상대성 이론은 널리 알려져 있지만 정작그 내용을 잘 알고 있는 사람은 드물다. 도대체 상대성 이론이 뭔지, $E = mc^2$이 무엇을 뜻하는지 정확히 알고 있는 사람은 대학에서 물리학을 전공한 사람 외에는 드물다.

상대성 이론은 우리의 상식을 벗어나는 내용을 담고 있다. 그만큼 지금까지 느껴보지 못했고 교과서에서도 배울 수 없었던 신비한 상대성 이론을 소개하고자 한다. 큰 박수로 환영해 주기 바란다.

상대속도

고속도로에서 빠르게 달리는 자동차 안에서 전봇대를 보면, '슉, 슉' 하며 빠르게 지나간다. 반면 바로 옆에 달리는 자동차는 매우 빠른 속도임에도 불구하고 그렇게 빠르게 달리는 것 같지 않다. 그러다가 잠시 갓길에 차를 세워 놓고 지나가는 차들을 보면 '차들이 저렇게 빨리 달리나?' 하는 생각이 든다.

이 뿐만이 아니라 꽉 막힌 고속도로에서 옆 차선에 있는 차들이 앞으로 움직이면 우리차가 마치 후진하는 듯한 기분이 든다. 그래서 '차가 고장났나? 뒷 차하고 부딪히지 않을까?' 하는 걱정을 한다. 나 역시도 설이나 추석 때 오랫동안 자동차 속에 있으면서 느끼는 현상이다. 이런 현상은 왜 일어날까?

우리는 항상 사물을 자기 기준으로 본다. 즉, 관측자(자신)가 어떤 속도로 움직이든 관측자는 자신이 정지했다고 생각하며 사물을 본다. 고속도로에서 가만히 있는 나무가 뒤로 움직이듯이 보이는 것은 이 방법으로 설명이 가능하다. 실제로는 자신이 움직이지만 관측의 기준은 자신에게 있으므로 정지해 있는 물체가 **상대적**으로 움직이는 것처럼 보인다.

상대성

이 세상의 모든 운동은 보는 사람의 관점에 따라 그 모습이 달라진다는 생각. 즉 절대적인 기준점은 없으며 어떤 것도 기준점이 될 수 있다는 말.

당신이 나무를 보면 나무가 뒤로 움직이지만 나무가 당신을 보면 당신이 앞으로 움직인다. 그 위에서 비행기를 타고 빨리 움직이는 사람은 나무와 자동차가 모두 뒤쪽으로 움직이는 것처럼 보인다. 나무 근처에서 로켓을 타고 하늘로 올라가는 사람에게 나무는 하강하는 것처럼 보인다. 따라서 같은 물체의 운동이라도 관측자에 따라 그 모습이 다르게 보인다. 그렇다면 어떤 관측자가 옳은 시각을 가지고 있는 것일까?

상대성 이론에서는 어떤 관측자가 보더라도 그가 관측하는 현상은 옳다고 말한다. 바꿔 말하면 어느 관측자라도 관측 기준이 될 수 있다는 것이다. 어느 관측자도 절대적인 시점이 될 만한 특별성을 가지고 있지 않기 때문에 모든 관측자에게는 동등한 자격이 부여된다. 이것이 아인슈타인의 생각이다.

정확한 속도 구하기

관측자가 움직이고 사물은 정지하거나, 관측자가 정지하고 사물이 움직이나 관측자가 보는 효과는 같다. 달리는 자동차에서 풍경을 보는 것이나, 정지한 자동차에서 땅이 움직이는 모습을 보는 것이나 같은 효과를 나타낸다는 것이다.

하지만, 실제로 자동차를 타고 고속도로를 달리면 우리는 땅이 움직인다고는 생각하지 않는다. 땅은 가만히 있다는 것을 상식적으로 알기 때문이다. 또한 정지한 자동차가 가속하면서 자동차 안의 관측자가 느끼는 관성력 역시 관측자에게 자동차가 움직인다는 단서를 제공한다.

만일 이런 단서들을 모두 차단하면 어떨까?

우주 비행사 재석이는 잠에서 깨어 우주선의 속도 계기판이 고장 났다는 것을 알았다. 그때 창문을 통해 깜깜한 우주를 배경으로 다른 우주선이 움직이는 것이 보였다. 재석이는 자신이 움직이는지 혹은 상대편 우주선이 움직이는지 알 수 없었다.

위와 같은 상황이라면 재석이는 자신이 움직이는지, 우주선이 움직이는지, 혹은 동시에 움직이는지 알아낼 방법이 전혀 없다. 오직 아는 것은 상대편 우주선과 자신의 속도 차이 뿐인데 이는 각각의 정확한 속도를 구하는데 아무런 도움을 주지 않는다.

만일 재석이의 우주선이 상대방 우주선과 같은 속도로 움직였다면, 재석이는 상대방 우주선이 정지했다고 생각했을 것이다. 반면 재석이의 우주선이 다른 우주선보다 빠르거나 느렸다면 상대방 우주선이 움직인다고 생각했을 것이다. 같은 물체도 관측자에 따라 움직이기도 하고, 정지해 있는 것처럼 보이는 것, 이것이 바로 상대성이다.

 상대속도

관측자가 본 물체의 속도이다. 물체는 멈춰 있어도 관측자가 움직이면 관측자는 물체가 움직인다고 생각한다. 상대속도는 두 물체의 속도 차이와 같다.

절대적인 기준

만일 재석이의 창문 밖으로 완전히 정지한 물체가 보였다면 재석이는 자신 및 상대편의 속도를 정확히 계산할 수 있었을 것이다.

뉴턴은 완전히 정지한 절대 공간이 있다고 믿었다. 반면, 아인슈타인은 상대성 이론을 통해 속도가 전혀 없는 공간을 찾아내는 것은 불가능하며 따라서 한 물체의 정확한 속도는 절대 알 수 없다고 말했다.

그렇다면 가만히 앉아서 책을 읽고 있는 사람도 정지해 있다고 할 수 없는가?

지구는 매일 평균 속력 200km/h로 자전하며 100,000km/h의 속력으로 공전한다. 태양계 역시 우리 은하를 중심으로 움직이고 있으며 우리 은하는 우주 팽창 원리에 의해 빠른 속력으로 움직이고 있다. 그렇다면 속도가 0km/h를 가리키는 자동차라 할지라도 그 실제 속도는 지구와 우주의 움직임으로 인해 굉장히 빠를 것이다. 다만 그 정확한 속도를 알 수 없을 따름이다.

자동차 속도계에 기록된 속도가 0이라는 말은 그 물체가 실제로 완전히 정지했음을 의미하는 것이 아니라, 지구 자전과 같은 속도로 움직이고 있어, 지구 표면 위에 있는 우리가 봤을 때 정지해 있다는 뜻이다.

절대적인 기준이 없다는 말을 뒤집어 보면, 그 어느 것도 기준이 될 수 있다는 뜻이다. 그래서 인류는 우리에게 가장 익숙한 지구 표면 위의 속도를 기준으로 삼고 모든 속도를 결정한다.

아인슈타인의 상대성 원리

아인슈타인이 발표한 특수, 일반 상대성 이론의 요지를 정리하자면 다음과 같다.

매우 중요한 원리들

- 빛의 속도는 변하지 않는다.
- 빠른 물체일수록 시간은 느려진다. 그러므로 시간은 물체마다 다르다.
- 빠른 물체일수록 물체의 길이가 짧아진다. 질량도 증가한다.
- 강한 중력장 근처에서는 공간이 휘어진다. 그러므로 빛도 휘어진다.

이러한 현상들은 물체의 속도가 빛의 속도에 가까울 정도로 빠르거나 매우 강한 중력장에서만 관측할 수 있는 현상이기 때문에 낯설어 보이는 것은 당연하다. 하지만 알면 알수록 더 재미있고, 자연계의 원리를 알아가는 데 많은 도움을 줄 것이다.

상대성 이론의 탄생 배경

자연계의 속도 제한

먼저, 상대성 이론의 기본이 되는 원리부터 알아보자.

우리 우주에서 가장 빠른 것은 무엇일까? 소리? 총알? 비행기? 그것은 바로 빛(light)이다. 빛의 속도는 대략 초속(시속이 아님에 유의) 300,000km이다. 즉 1초에 삼십만 킬로미터를 움직인다는 뜻인데 1초 만에 지구를 7바퀴 반이나 돌 수 있는 엄청난 속력이다.

중요한 점은 어떤 물체도 빛의 속도보다는 빠를 수 없다는 것이다. 아무리 좋은 엔진이 개발되어도 절대로 빛의 속도는 넘을 수 없다.

이 내용은 낯설게 느껴진다. 일상생활에서는 속도의 가감법칙이 정확히 적용되기 때문이다. 예를 들어 시속 300km/h로 달리는 자동차에서 창밖에 손을 내밀어 20km/h의 느린 속도로 공을 던져도 공의 속도는 두 속도를 합한 320km/h의 초강속구가 된다. 따라서 빛의 속도의 90%로 달리는 로켓 위에서 빛의 속도의 99%로 움직이는 로켓을 쏘면 그 로켓은 빛의 속도의 189%로 움직일 것 같은 생각이 든다.

하지만 빛의 속도에 가까워진 상태에서는 이 같은 고전 역학적 원리가 적용되지 않는다. 매우 빠른 속도에서는 힘을 더 가해 주어도 속도의 증가량은 미미하다. 이 속도에서는 아무리 힘을 주어도 빛의 속도는 넘을 수 없다. 빛의 속도에 가까워지면 물체의 질량이 커지기 때문이다.

앞서 말한 $a = F/m$을 기억하는가? 운동하는 물체의 속력이 빨라지면 질량(m)이 천문학적으로 커지기 때문에 아무리 센 힘(F)을 주어도 가속도(a)는 미미하다. 이로 인해 빛의 속도에 무한히 가깝게 다가갈 수는 있어도 빛의 속도를 넘을 수는 없다. 이는 로켓이 빠른 속도를 내기 위해서 꼭 해결해야 할 과제이다. 광속에 가까워질수록 로켓이 무거워져 가속에 필요한 연료량이 많아지기 때문이다. 뿐만 아니라 빛의 속도에 가까워지면 시간도 느리게 흐르고 공간도 휘어진다.

이러한 질량 증가 효과로 인해, 광속에 가까운 속도 A로 달리는 물체에서 B의 속도로 공을 던지면 공의 속도는 A+B가 아닌 A+B보다 훨씬 작은 값이 된다.

변하지 않는 빛의 속도

1800년대 말까지만 해도 빛은 다른 파동처럼 매질에 의해 전달되는 것으로 생각되었다(하지만 실제로 빛은 전자기파로서 다른 파동과는 다르게 매질이 필요치 않다). 따라서 지구의 자전에 의해 그 매질(에테르)은 지구와 같이 움직일 것이고 매질의 움직임으로 인해 지구 위에서 빛의 속도는 방향에 따라 달라질 것이라고 생각했다.

1887년 물리학자 마이클슨과 몰리가 빛의 간섭을 이용하여 이러한 효과를 알아내려 했다. 레이저 빔을 둘로 쪼갠 다음 다시 합쳐서 스크린에 비추면 그림과 같은 간섭상이 나타난다. 두 레이저 빔의 간섭상은 두 레이저의 위상차에 의한 결과이다. 따라서 한쪽 레이저 빔의 이동 경로를 더 길게 하면 간섭상이 변화하게 된다. 에테르의 흐름이 존재해서 빛의 속도가 변화한다면 간섭상의 모습이 변화할 것이다. 그러나 지구 위에서 어느 방향에서 실험을 하던 간섭상의 모습은 변화가 없었다.

이 결과는 당시 과학자들에게 이해될 수 없었다. 에테르의 흐름이 존재해 빛의 속도가 변한다면 간섭상도 변해야 하기 때문이다. 고전 역학으로는 이 결과를 설명할 수 없었다. 그러나 아인슈타인의 상대성 원리는 빛의 속도는 누가 보던 간에 일정하다는 사실로부터 출발한다.

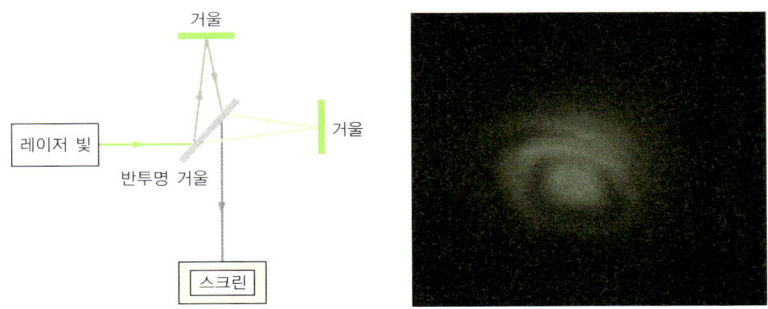

반투명 거울은 반은 통과시키고, 반은 반사시키는 거울이다. 빛이 반사하여 위쪽 거울로 갔다 온 경로와 통과하여 오른쪽 거울로 갔다 온 경로의 길이 차이 때문에 파동 간섭 무늬가 오른쪽 그림처럼 나타난다. 에테르의 흐름이 변하면 이 무늬도 바뀌어야 하지만 이런 변화는 나타나지 않았다.

뉴턴 역학이 적용되지 않는다!?

상대성 이론을 탄생시킨 배경은 마이클슨-몰리의 실험만이 아니었다. 수성의 근일점 운동 역시 상대성 이론을 제창하는데 도움을 주었다(아인슈타인의 상대성 이론은 특수 상대성 이론과 일반상대성 이론이 있는데, 이 부분은 일반상대성 이론에 관한 것이다).

첫 번째 산에서 설명했듯이 뉴턴의 법칙은 물리의 기본을 이루는 3가지 법칙이다. 그러나 뉴턴의 법칙이 탄생한지 200여 년이 흐르자 여기에 반론을 제기하는 현상들이 포착되었다.

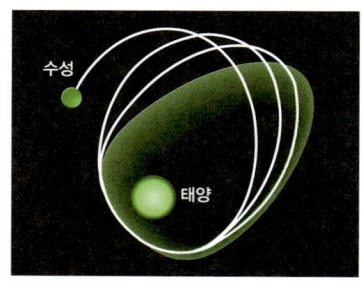

수성의 근일점이 바뀌는 운동은 공간의 구부러짐을 고려해야만 정확한 설명이 가능하다.

대표적인 예가 수성의 운동이다. 수성이 태양과 가장 가까이 있는 곳을 근일점이라 하는데, 수성은 공전 궤도가 계속 변화하는 운동을 하기 때문에 공전할 때마다 근일점이 미세하게 달라진다. 이 공전들의 자취를 그려보면 장미꽃과 비슷한 모양이 나타난다. 그러나 뉴턴 역학에 의한 예측과 실제 관측된 근일점 운동은 약간의 차이가 났다.

뉴턴 역학으로는 도무지 이유를 설명하지 못한 과학자들은 수성 안쪽에 또 다른 행성이 있을 것이라 생각하고, 이 미지의 행성에 '불칸(그리스 로마 신화의 헤파이스토스)' 이라는 이름을 붙인 다음 일식 때만 되면 불칸을 찾아 나섰다. 그러나 모두 헛수고였다.

해답은 아인슈타인의 상대성 이론에 있었다. 상대성 이론에서는 공간이 구부러져 중력이 발생한다고 설명한다. 공간의 구부러짐까지 고려하면 수성의 운동을 설명할 수 있다.

상대성 이론이 나오기 직전의 과학자들은 물리학이 거의 완성 상태에 이르렀다고 믿었다. 더 이상 발견될 것이 없다고 생각한 것이다. 그러나 1800년대 말부터 뉴턴 역학으로 설명할 수 없는 사례들이 나타나기 시작하였으며, 이는 조금 더 발전된 법칙 즉, 아인슈타인의 상대성 이론이 나오는 밑거름 역할을 하였다.

그렇다고 아인슈타인의 법칙도 완전히 옳은 것은 아니다. ─매우 작은 세계에서는 아인슈타인의 상대성 이론도 소용이 없다. 그래서 과학자들은 완벽한 법칙을 찾기 위해 여러 나라의 대학과 연구소에서 열심히 노력하고 있다.

빛과 시간

움직이는 물체, 느려지는 시간

시간은 항상 일정하게 흘러갈까? 하루는 언제나 24시간이고 1시간은 언제나 60분, 시간은 언제나 그리고 누구에게나 동일하게 흘러가는 것 같다. 그러나 아인슈타인은 1905년 발표한 특수 상대성 이론에서 빠르게 움직이는 물체일수록 시간이 더 느리게 간다고 주장했다. 당시 대부분의 과학자들이 믿지 않았지만 그의 생각은 정밀한 원자시계의 발명으로 증명되었다. 그렇다면 우리 모두는 자신만의 '시계'를 가지고 있는 셈이다. 지금까지 많이 움직이는 사람은 시간이 더 느리게 갔을 것이고, 가만히 있었던 사람은 더 빨리 갔을 것이다.

그러나 일상생활에서 그 차이는 정말 무시해도 좋다. 이 효과를 무시하면 큰 코 다치는 경우는, 정말 빠르게 움직이는 물체(예를 들면 지구를 도는 인공위성)들이다. 왜 시간이 느려지는지 그리고 빛의 본질은 무엇인지 지금부터 알아보자.

소년 아인슈타인의 고민

아인슈타인은 소년 시절, 빛의 속도로 달리면 빛이 정지해 있는 것을 볼수 있는지 궁금해 했다. 물론 고전 역학적 속도의 합산법칙에 의하면 가능하지만, 상대론적 관점으로는 가능하지 않다. 앞서 말한 마이클슨–몰리의 실험을 통해 아인슈타인은 특수 상대성 이론(원래 제목은 '움직이는 물체의 전기 동역학에 관하여' 이다)에서, 빛의 속도는 관측자의 속도와는 전혀 상관없이 언제나 일정하다고 주장하였다. 심지어 빛의 속도로 달리는 관측자에게도 빛의 속도는 조금도 변하지 않은 30만 km/s이다.

아인슈타인의 고민은 해결되었다. 빛의 속도로 달려도 빛은 여전히 빛의 속도이다. 그만큼 관측자의 시간이 느려지기 때문이다. 이것은 관측자가 어느 속도로 움직이든 마찬가지이다(이에 대한 증명은 빛의 속도는 일정하다는 가정 아래 피타고라스 정리를 이용해 얻을 수 있다). 이것을 광속도 불변의 법칙이라 부른다.

우리는 학교 물리 시간에 속도의 합산 법칙에 대해 배웠다. 그러나 그것이 상대론의 세계, 즉 빛이나 매우 빨리 움직이는 물체에는 적용되지 않는다는 점을 기억하자.

빠른 속력, 줄어드는 공간

빠르게 움직이는 물체는 길이도 줄어든다. 이 수축은 물체의 운동방향으로만 일어난다. 이를 로렌츠 수축이라고 한다.

예를 들어 광속의 90%로 달리는 우주선 안에서 달리는 방향과 평행하게 놓여 있는 1m 자의 길이는 0.43m로 줄어든다. 우주선 안의 사람도 더 줄어들어서 바깥의 관측자에게 우주인은 더 말라보이게 된다. 그렇다면 우주선 안에 있는 사람이 볼 때는 어떨까? 우주인이 볼 때도 자의 길이는 더 짧아졌을까?

답은 '그렇지 않다' 이다. 상대론에서 가장 중요한 점 중의 하나는 모든 것의 기준을 '자신'에게 두는 것이다. 우주인과 자와의 상대속도는 0이기 때문에 우주인이 보기에 자는 정지해 있을 때와 동일해 보인다. 상대성이론에서의 속도는 '상대속도'임을 기억하자.

그렇다면 우주인이 바깥세상을 보면 어떻게 될까? 바깥세상의 모든 물체가 줄어든 것처럼 보일 것이다. 우주인 관점에서 자신은 정지해 있고 바깥 세상이 빠르게 움직이기 때문이다. 이 모두 상대성의 원리에 기인한다.

같은 현상도 관측자의 속도에 따라 다르게 보일 수 있다는 사실을 알 수 있다.

빛의 속도로 달리면

빛의 속도에 가까울 정도로 빠르게 움직이면 어떤 현상이 벌어질까? 자동차로 도시 한복판을 빠르게 달리면 어떻게 되는지 알아보자. 상대성 이론은 어렵기 때문에 일상생활의 예를 통해 설명하면 이해하기 쉬운 경우가 많다.

다음은 광학 물리학자 최광속 씨의 광속 차량 탑승기이다.

　　오늘은 광속 차량을 탔다. 약 100km/h로 달릴 때에는 모든 물체가 정상이었다. 점점 속도가 빨라졌다. 광속의 90%에 다다랐다. 그런데 이게 웬일인가? 사람들도, 건물들도 모두 양 옆으로 아주 가느다랗게 변한 것이 아닌가. 모두들 홀쭉이가 되어버렸다.

　　그런데 사람들은 서로가 말라진 것을 못 느끼는 모양이었다. 모두들 놀란 기색이 없다. 오히려 나의 자동차를 보고 이상하다고 생각하는 듯하다.

　　사람들이 홀쭉이가 되자 내 자동차의 속력이 조금씩 느려지는 것 같다. 그런데도 벌써 목적지에 도착했다. 아마 주위의 풍경이 가늘어서 더 빨리 이동한 것 같았다.

　　목적지에 도착한 후 차에서 내려 손목시계를 보았다. 손목시계는 주위에 있는 시계탑의 시간보다 훨씬 느렸다. '나의 시간이 느려진 거군!' 최광속 씨는 생각했다.

관측자가 빠르게 움직이는 물체 안에서 정지해 있는 사물을 보면 바깥의 풍경이 자신의 속력으로 움직이는 것처럼 보인다(방향은 반대쪽으로). 빠르게 움직이는 물체는 길이가 수축되기 때문에 최광속 씨는 밖의 물체들이 모두 홀쭉이가 되었다고 느낀 것이다. 다만 홀쭉이가 되었다고 해도 그들의 키에는 변화가 없다. 바깥 풍경들이 모두 양옆으로 수축되었으므로 자동차는 느리게 움직여도 많은 거리를 갈 수 있다.

만일 최광속 씨가 자신과 같은 속도로 달리는 다른 자동차를 본다면, 그 자동차는 모든 것이 정상으로 보일 것이다. 최광속 씨의 입장에서 그 자동차는 상대적으로 정지해 있기 때문이다. 그 안의 모든 물리학적 사건들은 정지계와 동일하게 보인다.

그렇다면 바깥 풍경에 있던 사람은 최광속 씨를 어떻게 보았을까? 다음은 최광속 씨의 자동차를 지켜본 시민 강공수 씨의 노트이다.

나는 오늘 이상한 일을 보았다. 어떤 사람이 자동차를 타더니 빠르게 달리기 시작했다. 그러더니 갑자기 자동차가 양 옆으로 줄어드는 것이 아닌가! 그 안에 있는 사람도 얼굴이 홀쭉이가 되어 버렸다. 참 살다 살다 신기한 일도 다 본다.

최광속 씨의 입장에서는 강공수 씨가 홀쭉이가 되었지만, 강공수 씨의 눈에는 최광속 씨가 이상하게 보였다. 이처럼 상대성 이론의 효과는 관측자에 따라 완전히 다르게 보인다.

관성계는 모두 동등하다

관성계란 정지 상태를 포함해 일정한 속도로 움직이는 공간을 뜻한다. 일정한 속도로 움직이는 비행기, 자동차 등이 관성계에 포함될 수 있겠다.

아인슈타인은 관성계 안에서 일어나는 모든 물리적 현상들은 동등하다고 하였다. 그러므로 정지해 있는 관성계이든 매우 빠르게 움직이는 관성계이든, 그 안에서 빛의 속도는 300,000km/s로 일정하며 모든 물리학적 법칙들이 같게 적용된다. 즉, 관성계 안에서 일어나는 물리 현상은 그 관성계의 속도에 영향을 받지 않는다는 것이다. 이 말은 빛의 속도로 움직이는 관성계에서도 정지한 관성계와 동일한 현상이 나타난다는 것을 의미한다. 그러므로 빛의 속도로 움직이는 우주선 안에서도 거울을 통해 자신의 얼굴을 볼 수 있다.

그렇다면 이런 의문을 가질 수 있다. "빠른 속도로 달리는 우주선에서도 빛이 '빛의 속도'로 움직인다면 관성계 바깥의 관찰자가 볼 때는 빛이 자신의 속도보다 빠르게 움직이는 것이 아닌가? 그리고 이는 광속도 불변의 법칙에 어긋나지 않는가?"하는 의문이다. 이는 빠르게 움직이는 물체의 시간은 느려진다는 상대성 원리에 의해 해결된다. 외부의 정지 관찰자가 관성계를 보면 그 관성계는 시간이 더 느려지게 된다. 빠르게 움직일수록 시간이 더 느려지므로 관성계의 속도와 관계없이 관측자가 보는 빛의 속도는 일정할 것이다.

빛의 속도에 관한 패러독스

앞서 알아봤듯이 빛의 속도는 관성계의 속도와는 관계가 없다. 그렇다면 이런 경우는 어떨까?

여행을 좋아하는 동안이는 KTX를 타고 부산까지 내려가는 중이다. 고속 열차가 빠르게 달리고 있을 무렵, 밖에서는 과학 소년 미누가 이 광경을 지켜보고 있었다.

때는 저녁 7시, 하늘이 점점 어두워지기 시작했다. 고속 열차에서는 손님들의 편의를 위해 객실에 전등을 켜기로 했다. 객실 양 옆에 있는 전등은 모두 동시에 점등된다. 기차 칸 가운데에 서있던 동안이는 양쪽의 전등이 점등되어 자신의 눈에 빛이 들어오는 광경을 동시라고 느꼈다. 당연한 일이었다.

밖에서 보고 있던 미누는 한 가지 궁금한 점이 생겼다. 그는 '물리학의 삼매경'이라는 책을 통해 관성계 안에서는 빛의 속도가 $c = 300,000km/s$로 일정하다는 사실을 알았다. 그렇다면 기차 안에서 양쪽의 전등이 동시에 켜졌을 때, 그 빛 역시 빛의 속도로 가운데 있는 동안이에게까지 전달될 것이다. 하지만 빛의 속도도 무한한 정도가 아니라서 동안이의 눈까지 가는 데는 조금이나마 시간이 걸릴 것이다. 그 시간 동안 KTX는 더 이동할 것이다.

그렇다면 진행 방향의 앞쪽에서 오는 빛은 더 짧은 거리를, 뒤쪽에서 오는 빛은 더 긴 거리를 움직여야 할 것이다. 따라서 가운데 있던 동안이는 진행 방향의 앞쪽에서 온 빛을 먼저 지각한 후에야 뒤쪽에서 온 빛을 볼 수 있을 것이다.

하지만 등속 운동하는 관성계 안에서는 물리법칙이 동일하게 적용된다는 사실도 알고 있었다. 일정한 속도로 움직이는 기차 안은 정지 상태와 같다는 것이 상대성의 원리이다. 따라서 양쪽 빛은 동시에 가운데에 있는 동안이에게 도달해야 한다.

그러나 빛이 오는 시간 동안 기차는 움직이니까 앞쪽 빛이 먼저 온다는 생각으로는 앞쪽 빛이 먼저 와야 한다. 미누는 심각한 모순에 사로잡혔다.

패러독스의 해결

상대성 원리의 모호함이 바로 여기에 있다. 아인슈타인의 상대성 원리는 우리가 설명하기 어려운 현상들을 많이 포함하고 있다.

내부의 관측자, 즉 동안이는 전혀 이상한 점을 느낄 수가 없다. 아무리 빨리 움직이는 관성계라도 내부 사람이 관측하는 내부 물리현상들은 정지 상태와 똑같이 보인다. 따라서 동안이는 기차의 앞부분과 뒷부분의 빛이

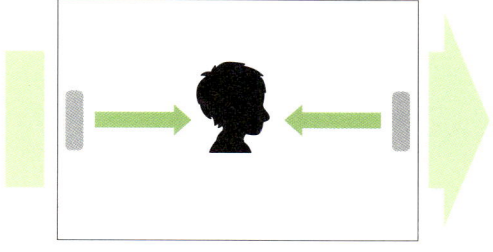

동안이는 전등이 동시에 켜졌다고 느낀다. 그러나 외부의 관측자는 뒤쪽의 빛이 먼저 켜진 것처럼 보인다. 빛은 누가 봐도 똑같은 속력으로 움직여야 하기 때문에 나타나는 현상이다.

동시에 켜졌다고 느낄 것이다.

놀랍게도 외부 관측자인 미누의 눈에는 앞쪽의 빛이 뒤쪽의 빛보다 조금 늦게 출발한 것처럼 보인다. 그렇게 되어야만 미누의 눈에 동안이가 이 두 빛을 동시에 인지한 것처럼 느끼기 때문이다. 동안이가 두 빛이 동시에 켜졌다는 것처럼 느끼는 것과는 대조된다. 같은 사건이라 할지라도 관측자의 상황에 따라 완전히 별개의 현상으로 보일 수 있다.

상대성 이론, 그다지 어렵지 않다

일상생활이나 뉴턴 역학에 익숙한 사람이라면 상대성 이론이 조금은 난해하게 느껴질지 모른다. 그러나 상대성 이론은 대부분의 사람이 상식적으로 생각하는 것만큼 어렵지는 않다. 아인슈타인은 자신의 강연에서 상대성 이론은 자신의 손녀딸도 이해할 수 있을 정도로 쉽다고 말했다. 물론 그 손녀딸은 천재가 아니었다. 상대성 이론이 단순한 추론 과정을 통해 이루어진 것이기 때문에 아인슈타인은 그렇게 말할 수 있었던 것이다.

아인슈타인이 상대성 원리는 단순한 사실에서부터 출발한다.

빛의 속도는 일정해야 하기 때문에 시간 지연, 질량 증가, 길이 수축 같

● 빛의 속도는 언제나 일정하다.
● 시간, 길이, 질량은 변할 수 있다.

은 현상을 예측하였다. 또한 아인슈타인은 사고 실험을 통해 가속되는 물체 안에서 빛이 휘어진다고 주장하였다. 이를 통해 중력장 안에서도 빛이 휜다는 사실을 예측하였다. 그 외에 복잡한 사실들도 두 원리에 기초한 추론으로 실험 한 번 없이 예견할 수 있었다. 그 예견은 실제로도 잘 맞아떨어졌다.

상대성 이론에 대한 수학적 접근(1) - 시간 수축

빠르게 움직이는 물체 내에서는 (1) 시간이 느리게 흐르며, (2) 질량이 증가하고, (3) 진행 방향과 나란한 방향으로 길이가 줄어든 것처럼 보인다. 이러한 현상은 모두 속도와 관련이 깊으며 느린 속도에서는 별 효과가 나타나지 않는다. 이런 효과는 광속 근처에서만 크게 나타난다. 왜 그런지 아인슈타인이 밝혀낸 수학식을 통해 알아보자.

아인슈타인이 밝혀낸 시간 수축 공식은 다음과 같다.

$$t = t_0 \frac{1}{\sqrt{1 - (\frac{v}{c})^2}}$$

t 움직이는 물체에서 느끼는 시간, c 빛의 속도
t_0 정지된 물체에서의 시간, v 물체의 속도

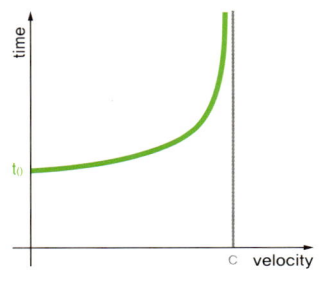

속도가 빠를수록 시간의 길이가 증가한다. 빛의 속도(c)에서는 시간의 길이가 무한대, 즉 시간은 정지한다.

그는 어떻게 생각만으로 이런 사실을 예측할 수 있었을까? 아인슈타인은 1800년대 말에 밝혀진 광속 불변의 원리와 피타고라스의 정리를 이용해 이 사실을 알아냈다. 이 간단한 식만 가지고도 어떻게 시간의 느려짐을 예측했는지 알아보기로 하자.

먼저, 우주선 안에서 아래에서 빛을 쏜 뒤 위쪽에 반사하는 장치가 있다고 가정하자. 우주선이 가만히 있을 때에는 문제없지만, 우주선이 움직일 때는 외부 관측자 입장에서 빛의 이동경로가 달라진다.

우주선이 움직일 때는 가만히 있을 때보다 빛의 이동경로가 늘어난다. 같은 시간에 이동경로가 길어졌다면 그것은 빛의 속도가 빨라졌다는 이야기이다. 하지만 빛의 속도는 일정해야 하므로 이는 있을 수 없는 일이다. 빛이 원래의 속도를 유지하기 위해서는 시간이 느려지는 방법밖에 없다.

늘어난 빛의 경로는 피타고라스의 정리를 이용해 구할 수 있다.

위 식에서 물체의 속도 v가 빠를수록 분모의 값은 0에 가까워진다. 따라서 움직이는 물체의 시간 t는 빠르게 움직일수록 훨씬 느려진다. 물체의 속도가 빛의 속도일 경우 분모는 0이 되므로 시간의 길이는 무한대, 즉 정지해 버리는 것이다.

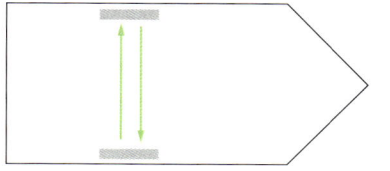 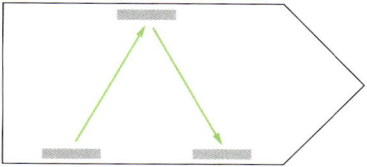

내부 관측자가 보는 모습(좌)과 외부 관측자(우)가 보는 모양이 다르다. 외부 관측자가 보기에 빛은 같은 시간 동안 더 긴 경로를 움직였다.

상대성 이론에 대한 수학적 접근(2) – 질량과 길이

빠르게 움직이는 물체의 줄어드는 길이와 늘어나는 질량도 위의 식과 비슷한 형태이다.

먼저 질량 증가의 공식이다.

$$m = m_0 \frac{1}{\sqrt{1 - (\frac{v}{c})^2}}$$

m_0는 정지해 있을 때의 질량, m은 움직일 때의 질량

질량이 늘어나는 이유는 시간이 느려지는 계에서도 운동량이 보존되어야 하기 때문이다.

이 식은 시간 지연 식의 t가 m으로 대체된 형태이다. 빠르게 움직일수록 질량이 늘어나고 광속에서는 질량이 무한대가 됨을 알 수 있다.

우주선이 광속에 가까운 속도를 내기 힘든 이유가 여기에 있다. 우주선

이 빠르게 움직이면 질량이 늘어나 가속에 필요한 연료가 더 소모되기 때문이다. 이 때문에 고전적인 이동수단으로는 우주여행이 불가능에 가깝다.

주목할 점은 증가한 질량의 질량에너지는 그 물체의 운동에너지와 같다는 것이다. 따라서 물체가 움직이면 그 운동에너지가 질량으로 저장된다고 볼 수 있다. 이를 식으로 나타내면

$$E = mc^2 = m_0c^2 + E_k$$

E는 전체 에너지, m은 움직일 때의 질량
m_0는 정지했을 때의 질량, E_k는 운동에너지

공간의 수축은 시간, 질량 증가식과는 다른 양상을 보인다. v로 움직이는 물체를 정지한 관측자가 볼 때 진행 방향으로 공간이 줄어드는 정도는 다음과 같다.

$$l = l_0 \sqrt{1 - (\frac{v}{c})^2}$$

l_0은 정지했을 때의 길이

이번에는 식 형태가 위의 두개와 조금 다르다. v가 커질수록 l의 값이 더 작아지는 형태이다. 이와 같은 공간 수축을 '로렌츠 수축'이라고 부른다.

위 식들이 실제 상황에서 어떻게 적용되는지 뮤온(우주에서 날아오는 고에너

입자를 통해 알아보자. 이론적으로 뮤온은 매우 짧은 시간동안만 안정적으로 유지되고 그 시간이 지나고 나면 붕괴된다. 그런데 실제 뮤온은 이론적으로 예측된 시간보다 더 오래 안정된 상태를 유지하는 것으로 관찰된다. 이런 현상은 뮤온이 매우 빠른 속도로 움직여 시간이 느려지기 때문에 일어난다.

4차원 공간

아인슈타인이 말하는 4차원 공간

우리가 사는 세상은 몇 차원으로 이루어져 있을까? 겉으로 보기에는 가로, 세로, 높이를 가지고 있는 3차원 세계인 것 같다. 하지만 실제로는 3가지 축 외에 시간 축이 하나 더 존재하는 4차원의 세계이다(요즘에는 이것보다 더 많다는 주장도 있는데 아직은 이론 단계에 있다).

쉬운 예를 하나 들어보자. 김 서방과 박 서방이 서로 만날 일이 있어서 약속을 하였다. 김 서방이 박 서방에게 말하였다.

"박 서방, 한강 나루터 옆에 있는 작은 주막에서 만나세. 늦지 말게나."

"알겠네, 꼭 감세."

며칠이 흘렀다. 두 사람은 다시 만났는데, 영 얼굴 표정이 좋지 않다.

"이보게, 김 서방. 자네 왜 안 나왔나."

"자네야 말로 왜 안 나왔나. 나는 분명히 자네와 약속한 다음날 오전10시부터 11시까지 기다렸네."

"나는 12시부터 오후 2시까지 기다렸다네."

*"그럼 서로 시간이 맞지 않은 게로군. 어쨌거나 이렇게 만났으니 할 이
야기나 나누세."*

  김 서방과 박 서방은 분명 같은 장소에서 만나자고 하였으나, 서로 만날
수 없었다. 두 사람이 서로 만나지 못한 것은 4차원 공간의 시간 축을 무
시하였기 때문이다. 4차원의 시간 축을 무시하여서는 안 된다. 시간 축 역
시 가로, 세로, 높이와 같이 하나의 축으로서 동등한 위치를 가지고 있기
때문이다. 물론 시간 축은 우리 눈에는 보이지는 않는다.
  시간 축을 쉽게 이해하기 위한 한 가지 예를 더 들어보자.

  동생: *형, 도대체 시간 축, 시공간 이런 게 뭐야? 나는 시간 축을 볼 수
      도 없는데 …*

  형 : *그건 간단해. 음, 네 생활과 연관 지어서 생각해보자. 네가 어제
      과자를 하나 사다가 지하실에 가져다 놨지?*

  동생: *어. 나중에 먹기 위해 놔둔 거지.*

  형 : *그렇다면 이렇게 가정해보자. 지하실 안에는 그동안 아무런 변화
      가 없었겠네. 그렇지? 그렇다면 어제의 지하실과 오늘의 지하실
      은 완전히 같은 시공간이라고 말할 수 있을까?*

  동생: *당연하지. 어제도 지하실은 우리 집 아래에 있었어. 누군가가
      우리 집 지하실을 다른 곳으로 옮기지도 않았어. 그렇다면 어제
      와 같은 시공간인가 뭔가 하는 곳에 있겠지.*

  형 : *그래, 네 생각도 시간 축을 고려하지 않는다면 옳은 말이야. 하지*

만 우리 세상은 공간과 시간으로 이루어져 있기 때문에 네 말은 완전히 옳다고 할 수는 없어.

형 : 어제의 지하실과 오늘의 지하실은 모든 것은 다 그대로지만 시간은 변했지. 어제와 오늘은 분명 다른 시간이잖아. 예를 들어 어제의 지하실은 '3월 8일의 지하실'이고 오늘은 '3월 9일의 지하실'이잖아.

동생: 아, 그러니까 시공간은 공간에 시간까지 생각한 것이구나! 그래서 같은 공간이라도 시간이 다르면 다른 시공간이라 할 수 있겠네.

형 : 그래. 바로 그거야.

4차원 시공간이란?

시간과 공간이 결합한 시공간(time-space), 아인슈타인은 우리 세상은 단순한 공간이 아닌 시공간으로 이루어져 있고 공간과 시간은 밀접한 관련이 있다고 말한다. 빠른 속도로 움직이는 물체 안에서 시간이 느려지는 것도 공간의 변화가 시간 축에 영향을 주기 때문이다.

시간 축은 우리가 볼 수도 없을 뿐더러 느끼기도 어렵다.

3차원을 생각해보자. 가로와 세로는 서로 직각으로 만난다. 높이도 가로와 세로에 직각으로 만난다. 가로 세로 높이축 외에 더 이상 이들과 직각으로 만날 수 있는 축은 없어 보인다. 하지만 시간 축은 3차원의 가로, 세로, 높이와 모두 직각으로 만난다고 한다. 이러한 4차원 구조는 우리가 상상하기 힘든(불가능한) 구조이다.

4차원 시공간을 종이 위에 나타내기

우리는 종이 위에 3차원 공간까지는 그릴 수 있다. 하지만 눈에 보이지도 않고 상상할 수도 없는 4차원은 어떻게 나타낼까.

시공간을 설명할 때는 4차원 시공간에서 공간 축을 1, 2개 빼버리면 된다. 이 경우 공간은 1, 2개 줄어든 차원으로 표현되지만 시공간을 종이 위에 나타낼 수 있게 된다. 보통은 높이 축을 빼고 이를 시간 축으로 대체한다.

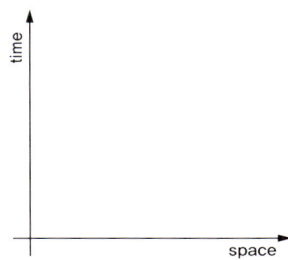

그렇게 만든 시공간은 다음과 같다.

그렇다면 물체의 움직임은 어떻게 표현할까? 먼저 정지해 있는 점부터 생각해보자. 시간을 고려하지 않은 2차원이라면 정지해 있는 점은 그저 그 자리에 점으로 계속 남아 있을 뿐이다.

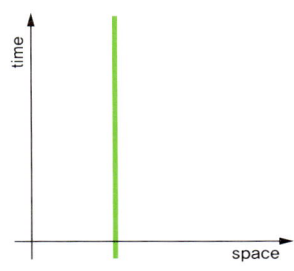

하지만 시간 축을 고려한다면 조금 달라진다. 점이 그 자리에 계속 있다 해도 시간은 계속 흘러간다. 이 모습을 시공간에 표현하면 다음과 같다.

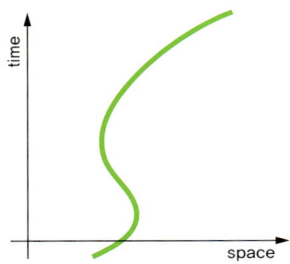

그렇다면 움직이는 점은 어떻게 표현할까? 매시간 점의 위치를 표현하면 된다.

한 단계 더 높은 수준으로 생각해보자. 한 사람은 정지해 있고, 다른 한 사람은 정지해 있는 사람에게 달려오고 있다. 이를 어떻게 나타낼까?

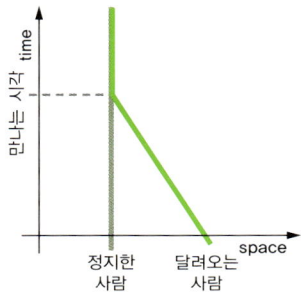

그렇다면 아까 김 서방과 박 서방이 만날 수 없었던 이유를 시공간 그래프를 이용해 알아보자.

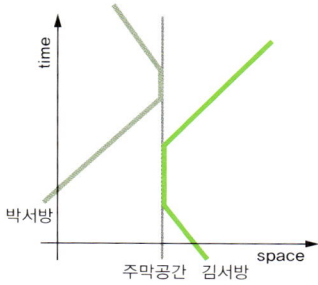

빛 원뿔

시공간 그래프에서 기울기가 가장 큰 것은 무엇일까? 기울기가 큰 것은 같은 시간 내에 더 많은 거리를 움직여야 하므로 가장 빠르게 움직이는 물체이다. 바로 빛이다.

3차원 시공간 그래프에서 빛이 퍼져나가는 경로를 이어보면 원뿔 모양이 된다. 이를 빛 원뿔이라고 부른다. 빛 원뿔보다 기울기가 큰 물체나 파동은 존재하지 않는다. 만약 있다면 빛보다 빠르다는 뜻인데, 이 세상 누구도 그런 물체나 파동은 아직 발견하지 못했다.

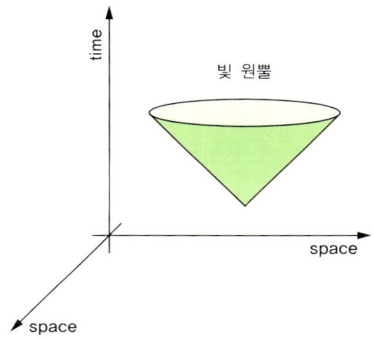

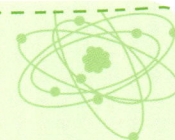

공간과 중력

새로운 중력의 개념

중력은 왜 생기는 것일까? 아인슈타인은 공간이 휘어져 중력이 발생된다고 말했다. 아인슈타인의 이런 사고를 쉽게 이해하려면 고무판 위에 무거운 구슬을 하나 올려놓으면 된다. 구슬이 무거울수록 고무판은 더 많이 휘어지고, 주위에 가벼운 구슬은 무거운 구슬 쪽으로 끌려간다.

휘어진 고무판 모형을 보면 두 점 사이의 최단 경로가 직선이 아닌 곡선이다. 빛은 공간상에서 똑바로 움직이려고 한다. 그러나 휜 공간에서 똑바로 움직이는 것은 결국 그 공간을 따라 휘어서 움직이는 것이다. 휜 공간을 따라 움직인 빛은 자신이 직선으로 나아갔다고 생각할 것이지만 다른 곳에서 지켜본 관측자에게는 빛이 휘어 보인다.

이 모형은 질량이 클수록 중력이 강한 이유와 빛이 강한 중력장에서 휘어지는 이유를 설명한다.

하지만 이 고무판 모형은 공간의 한 단면만을, 즉 3차원의 수많은 면들 중에서 단 하나의 2차원 평면만을 보여준다. 실제로는 구슬이 3차원 어느 방향에서 오던지 구슬의 경로는 휘어진다. 이러한 형태는 종이 평면 위의 그림으로 나타낼 수 없다.

아인슈타인은 일반상대성 이론에서 중력은 공간의 굽어짐으로 만들어진다고 생각하였다.

공간의 휘어짐을 증명하다

공간은 우리 눈으로 볼 수 없다. 그렇다면 공간이 휘어져 있는지 어떻게 알 수 있을까?

빛은 공간을 따라 움직인다. 공간이 휘어져 있다면 빛은 휘어져 이동하는 것처럼 보일 것이다. 휘어진 공간에서는 휘어져 움직이는 것이 최단거리이자 빛의 입장에서는 직선이기 때문이다.

실제로 이를 증명하기 위한 실험이 1919년 아프리카에서 행해졌다. 실험방법은 다음과 같다.

① 평소 밤하늘의 별들의 위치를 관측한다.

② 개기일식으로 인해 해가 가려져 밤하늘이 어두워지면 가려진 해 주위 별들의 위치를 관측한다. 빛이 휘었다면 별의 위치는 원래 밤하늘에 있던 위치와 달라 보일 것이다.

이 실험은 1919년 영국의 천문학자 에딩턴에 의해 이루어 졌다. 평소 별 빛은 주위에 중력원이 없을 때의 모습이다. 반면 주위에 태양이 있으면 중력에 의해 별빛은 휘어져 평소와는 다를 것이다. 실험 날짜를 개기일식이 일어나는 날로 잡았던 것은 태양빛이 가려져야 그 주위의 별들을 관측할 수 있기 때문이다.

실험 결과는 아인슈타인이 예상한 것과 같았다. 태양 주위의 별들이 평소와는 약간 다른 곳에 위치했다. 이는 태양에 의해 빛이 휘어졌다는 사실을 증명한 것이다. 언론들은 일제히 이 사실을 대서특필하며 상대성 이론이 미운오리새끼에서 백조가 되었다고 보도했다. 이로 인해 아인슈타인은 일약 위대한 과학자가 되었다. 과학계에서도 현대 물리학의 문이 열리는 순간이었다. 후에 아인슈타인은 '만약 실험 결과가 당신의 예상과 다르다면 어떻게 했겠는가?' 라는 질문을 받았다. 이에 아인슈타인은 '그렇다면 그것은 신이 틀린 것이다' 라고 대답했다. 실로 대단한 자신감이 아닐 수 없다.

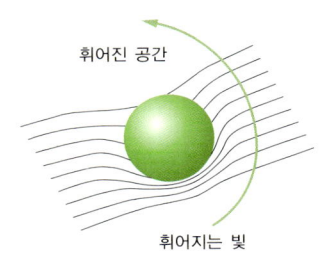

휘어진 공간

휘어지는 빛

빛은 언제나 똑바로 움직인다. 그러나 휘어진 공간상에서는 휘어진 곡면을 따라 움직이는 것이 똑바로 움직이는 것이다. 따라서 빛은 물체 주위에서 휜다. 이는 1919년 에딩턴이 관측을 통해 증명했다.

중력파

움직이는 모든 물체는 조금씩 속력이 늘어진다. 이는 마찰이 전혀 없는 곳에서도 마찬가지다.

질량을 가지고 있는 물체는 아무리 작을지라도 중력을 가지고 있다. 중력을 가지고 있다면 그 물체 주위의 공간도 휘어있다는 뜻이다. 물체가 이동하면서 주위의 휘어짐을 바꾸면 그로 인해 파동이 생기게 된다. 이 파동을 중력파라고 부른다. 중력파 역시 아인슈타인의 상대성 이론에 의해 그 존재가 예측되었다.

움직이는 물체는 계속 중력파를 방출한다. 이 과정에서 에너지를 잃으므로 움직이는 물체는 언젠가는 정지할 것이다. 지금 태양 주위를 공전, 자전하고 있는 행성들 역시 중력파를 내보내고 있으므로 점점 속도가 느려져 태양 속으로 빨려 들어갈 것이다.

그러나 중력파의 크기는 상상을 초월할 정도로 작다. 그러므로 지구가 빨려 들어가는 걱정보다는 외계인이 지구를 침공할 걱정을 하는 것이 훨씬 더 현실적일 것이다.

과학자들은 중력파를 검출해 내기 위해 여러 실험 기구들을 동원했지만 모두 허사였다. 아직까지 중력파는 간접적으로만 그 존재가 확인되었고 정확한 검출은 이루어지지 않고 있다.

06 physics

엘리베이터와 중력

엘리베이터는 신비한 곳

우리가 일상생활에서 자주 접할 수 있는 엘리베이터는 고전역학에서부터 상대론에 이르기까지 여러 가지 물리 법칙을 체험할 수 있는 공간이다.

엘리베이터에 타서 문이 닫히고 위쪽으로 올라가는 경우를 생각해 보자. 처음에는 아래로 눌리는 힘을 받을 것이다. 엘리베이터가 위쪽으로 가속되었기 때문이다.

우주의 무중력

흔히 우리는 우주는 무중력 공간이라고 이야기한다. 하지만 실제로 그렇지는 않다. 지구 주위를 돌고 있는 인공위성에 작용하는 중력의 크기는 우리에게 걸리는 중력과 크게 차이나지 않는다.

우주정거장이나 인공위성은 지구 주위를 공전하고 있어 중력이 원심력에 의해 상쇄되어 중력이 없는 것처럼 느껴지는 것뿐이다. 실제로 중력이 없는 것은 아니다. 따라서 무중력 공간이란 말은 엄밀한 의미에서 옳지 않다. 실제 무중력을 느끼려면 지구나 별에서 무한히 멀리 떨어져야 한다.

시간이 지나면 편해질 것이다. 엘리베이터가 가속을 끝내고 등속 운동을 하기 때문이다. 엘리베이터가 목적지에 다다르면 이번에는 위쪽으로 힘을 받게 된다. 엘리베이터가 반대쪽으로 가속되기 때문이다.

뉴턴 법칙, $F = ma$ 에 따라 힘은 곧 가속도와 같다. 지구 표면에서는 물체를 떨어뜨리면 1초에 $9.8m/s$의 속도가 증가한다. 즉 가속도가 $9.8m/s^2$이란 뜻이다. 따라서 지구 위에 있는 것은 무중력 상태에서 위쪽으로 $9.8m/s^2$로 가속되는 엘리베이터 안에 있는 것과 같다.

자유낙하 하는 엘리베이터(한마디로 끈이 끊어진 엘리베이터) 안에서는 전혀 중력을 느낄 수 없다. 이는 우주 비행사들이 중력이 존재하는 지구에서 우주의 무중력 상태를 훈련하는 방법이다.

아인슈타인의 엘리베이터

아인슈타인의 엘리베이터 이야기를 자세히 알아보자. 나도 아인슈타인의 엘리베이터를 알고 상대성 이론을 더 자세히, 더 수월하게 이해하였기 때문이다.

내용의 요지는 이것이다. 중력을 느끼는 것은 무중력 공간에서 위로 가속되는 엘리베이터 안에 있는 것과 동일하다. 그러므로 위쪽으로 가속되는 엘리베이터를 연구하면 중력장에서 일어나는 현상들을 쉽게 이해할 수 있을 것이다.

엘리베이터가 위로 가속되면

무중력 상태에서 위쪽으로 가속되는 엘리베이터 내에서 빛이 움직이는 경우를 생각해보자.

빛이 한쪽에서 다른 쪽으로 가는 시간 동안 엘리베이터는 위쪽으로 움직인다. 엘리베이터 안의 관측자가 볼 때에는 빛이 아래쪽으로 휘어 가는 것처럼 보일 것이다. 물론 빛이 실제로 휜 것은 아니다. 움직인 것은 관측자이지 빛이 아니다.

중력장의 내부와 위쪽으로 가속되는 엘리베이터는 같은 효과를 나타내므로 엘리베이터 안에서 빛이 휜다면 중력장 안에서도 빛은 휠 것이다.

이것이 아인슈타인이 사고 실험을 통해 중력장에서 빛이 휜다는 사실을 발견한 방법이다. 사고 실험이란 실제 실험이 아닌 머리 속에서 상상으로 한 실험이다.

엘리베이터 밖의 관측자는 엘리베이터가 가속되고 빛이 직진하는 것처럼 보인다. 반면 엘리베이터 내부의 관측자는 엘리베이터와 같이 움직이므로 마치 빛이 아래쪽으로 휘는 것처럼 보인다. 가속되는 공간은 중력장 내와 동일하므로, 중력장 내에서도 빛이 휠 것이라고 예측할 수 있다.

7 physics

시간 여행과 그 패러독스

시간 여행

과거로 떠나고, 미래의 세계를 볼 수 있는 타임머신은 오래 전부터 많은 사람들의 꿈이었다. SF소설, 영화의 주요 소재 역시 시간 여행이었다.

아직 시간 여행을 하는 방법은 개발되지 않고 있다. 하지만 그 후보로는 빛보다 빠른 속도로 움직이기, 블랙홀로 들어가기 등 여러 방법이 거론되고 있다.

아직은 타임머신을 만드는 방법보다는 타임머신을 만드는 것이 가능한 지에 대해 논란이 더 자주 일어나고 있다. 시간 여행에는 몇 가지 패러독스(모순)가 존재하기 때문이다.

어머니 패러독스

시간 여행의 패러독스 중 가장 유명한 것이 어머니 패러독스이다. 패러독스의 사례를 살펴보자.

2407년 말로스는 타임머신을 개발했다. 그는 20년 전의 세계로 돌아가 그 곳에서 자신의 어머니를 발견했다. 아직 젊은 모습이었다.

만약에 말로스가 자신의 어머니를 살해한다면 어떤 일이 벌어질까? 자식은 반드시 어머니가 있어야 태어난다. 말로스가 다시 타임머신을 타고 자신의 원래 세계로 돌아오면 말로스는 어머니 없이 존재하는 사람이 되고 마는 것이다. 이는 분명 패러독스이다.

어머니 패러독스란 한 사람이 과거로 돌아가 자신의 어머니가 될 사람을 살해하는 것을 말한다. 과거로 돌아가 자신의 어머니를 살해하면 그 자식이 태어날 수가 없다. 따라서 그 사람도 존재할 수 없게 되는 것이다.

그렇다면 어머니를 살해하는 순간 그 사람은 어떻게 될까? 어머니를 살해하는 순간 그 사람은 사라지는 것일까? 아니라면 그 사람은 어떻게 태어나게 된 걸까?

이 패러독스는 영화 터미네이터에도 등장한다. 주인공이 태어나지 못하게 하기 위해 터미네이터가 과거로 돌아가 주인공의 어머니를 살해하려 한다.

이 문제는 아직까지 명쾌하게 해결되지 않고 있다.

평행우주론

어머니 패러독스를 피하기 위해 나온 이론이 평행우주론이다. 평행우주론이란 무한 개의 세상이 존재한다는 이론이다. 무한 개의 세상이 존재하면 어머니 패러독스는 해결된다. 한 가지 예를 들어 보자.

매미를 유독 싫어하는 김창식 씨. 그는 매미 살충제 개발에 온 생을 바쳤다. 결국 그는 성능이 매우 뛰어나고 인체에도 무해한 매미 살충제 *Maemi Extreme*을 개발했다. 하지만 그 살충제의 단점은 매미의 애벌레인 굼벵이, 그것도 갓 태어난 굼벵이에게만 효과를 나타낸다는 것이었다. 지금은 8월 매미들이 밤낮 울어대는 상태였다. 그는 이번 여름도 이렇게 보낼 수 없다고 생각하여 물리학자 최광속 씨를 찾아가 자신을 올해의 굼벵이들이 태어나는 17년 전으로 돌아가게 해달라고 부탁한다. 최광속 씨는 이를 허락한다.

17년 전으로 간 김창식 씨, *Maemi Extreme*을 자기 마을 주위에 뿌렸다. 그는 뿌듯한 마음으로 다시 17년 후로 돌아갔다.

그가 17년 후로 돌아가자마자 그를 반긴 것은 매미의 울음 소리였다. 그는 답답한 마음에 물리학자 최광속 씨를 찾아간다.

김 : 박사님, 도대체 어떻게 된거죠? 저는 분명히 살충제를 뿌렸는데 …
　　 제 살충제가 잘못된 것일까요?

최 : 아마 그렇지 않을 겁니다. 이건 살충제하고는 관련이 없습니다. 당
　　 신이 살충제를 뿌린 17년 전하고 지금은 완전 다른 세상이니까요.

김 : 예?

최 : 이 세상에는 무한 개의 세상이 존재합니다. 당신은 타임머신을 통
　　 해 무한 개의 세상 중에서 17년 전의 시간이 흐르고 있는 세상에

간 것이지요. 그리고 그 17년 전의 세상과 지금 우리가 살고 있는 세상은 다른 세상입니다.

김 : 그렇다면 제가 뿌린 살충제는 어떻게 된 거죠?

최 : 그 세상은 이제 17년 후 매미를 걱정하지 않아도 되겠죠.

평행우주론은 어머니 패러독스를 잘 설명한다. 아들이 어머니를 과거로 가서 살해해도 현재로 돌아오면 그의 어머니는 계속 존재하고 그 역시도 존재한다. 그 둘은 완전히 다른 세상이기 때문이다.

평행우주론에는 무한 개의 우주가 존재하므로 우리보다 빠른 시간의 우주도 느린 시간의 우주도 있을 것이다. 어떤 우주는 오늘이 3402년일 수도 있고 어떤 우주는 이제 막 빅뱅을 끝마쳤을 수도 있다.

평행 우주 속에서의 시간 여행

만일 평행우주론이 옳다면 어떤 일들이 벌어질까? 먼저 시간 여행을 통해 과거의 사건을 바꿀 수 없을 것이다. 자신이 살고 있는 세상의 과거로 돌아가는 것은 불가능하기 때문이다.

또한 과거로 시간 여행을 갈 때에는 나 자신을 만날 수 있을 것이다. 이는 자신이 다른 사람에게 어떻게 보이는지 알고 싶은 사람들의 궁금증을 해소시켜 줄 것이다. 자신이 어떻게 생활하는지 자신이 직접 볼 수 있기 때문이다. 물론 이것은 두 사람에게 혼란을 일으킬 수도 있다.

이 외에도 타임머신의 정확성이 매우 중요해질 것이다. 과거로 간 후 자신이 살던 세상으로 돌아올 때 시간이 0.001초라도 맞지 않으면 다른 세상으로 가게 되기 때문이다.

미래를 보여주는 기계

타임머신의 원리를 이용해 자신의 미래를 보여주는 기계가 있다면 어떻게 될까? 미래를 보여주는 기계를 가지고 있는 준형이의 하루를 살펴보자.

아침 8시 준형이는 어제 구입한 미래를 보여주는 기계를 꺼냈다. 그는 자신의 2시간 후 미래가 보이도록 설정하였다. 기계에서 보여준 그의 모습은 학교에서 공부를 하고 있는 모습이었다. 이를 본 준형이는 학교에 가지 않기로 결심했다. 그는 학교에 갈 시간이 되어도 집에서 나오지 않았다. 준형이는 2시간 후에 뭘 하고 있을까?

40년 후 준형이는 자신이 어디서 사고가 일어날지 보여줄 것을 요구했다. 기계는 준형이가 일주일 후 대방 사거리에서 교통사고를 당할 것이라고 했다. 준형이는 일주일 후에 대방 사거리에 가지 않기로 했다. 준형이는 일주일 후에 교통사고를 당할 것인가?

미래를 보여주는 기계는 존재할 수 있을까? 준형이가 학교에 가지 않는다고 결심하는 순간 미래를 보여주는 기계는 준형이가 집에서 텔레비전을 보는 모습을 보여줄 것인가? 그렇다면 미래는 자신의 결정에 따라 바뀌는 것인가? 미래를 보여주는 기계는 완벽한 미래를 보여주지 못하는 것인가?

참으로 머리 아픈 문제이다.

참고로 그리스 로마 신화에서도 이와 비슷한 경우가 나온다. 예언의 내용을 피하기 위해 갖가지 애를 써 봐도 결국 모두 예언을 피하지 못했다. 미래를 보여주는 기계가 있어도 이와 같이 결국은 그 미래를 당하게 될지. 답은 '글쎄?' 이다.

재미있는 생각   타임머신으로 매 시간 늘어나는 사람

과학자 타이머 박사는 타임머신을 발명했다. 그는 타임머신을 통해 2051년에서 2050년으로 시간여행을 떠났다.

2050년으로 온 타이머 박사는 과거의 자신을 만날 수 있었다. 두 사람은 친하게 1년을 보내다가 2051년에 다다랐다. 2051년에 다다르자 두 사람은 다시 타임머신을 타고 2050년으로 돌아갔다. 그러자 타이머 박사는 3명으로 늘어났다. 1년을 기다려 다시 3명의 타이머 박사가 과거로 돌아가자 타이머 박사는 4명으로 늘어났다.

이런 식으로 하면 타이머 박사는 무한정 늘어나게 된다. 어떻게 된 일일까? 해답은 여러분이 앞의 내용을 종합하여 각자 생각해보기 바란다(여러 가지의 설득력 있는 설명이 가능하다).

시간 여행은 가능한가? - 호킹의 시간 순서 감독관

시간 여행은 가능한가? 영국의 물리학자 **스티븐 호킹**(Stephen Hawking, 1942~)은 공간이 심하게 휘어지면 시간여행이 가능하다고 말한다. 엄청나게 많은 양의 에너지가 있다면 시공간을 구부려서 과거로 가는 통로를 만들어 시간 여행을 할 수 있다는 것이다. 그러나 그는 시공간을 그렇게 심하게 구부리면 특이점이 생성되어 블랙홀이 생겨나기 때문에 시간 여행은 불가능하다고 말한다. 블랙홀이 과거로 가는 통로를 막아버리는 것이다. 호킹은 시간 여행이 불가능하게 하는 특이점의 생성을 '시간순서감독관이 시간 여행을 막는다.'고 표현하였다. 그는 시간 여행이 불가능한 가장 대표적인 증거로 미래의 관점에서 볼 때 과거에 사는 우리가 미래에서 온 사람을 아직까지 만나지 못했다는 점을 들었다. 만일 시간 여행이 가능하다면 미래에서 사람이 와서 우리와 접촉하는 것이 가능하지 않겠는가라는 의문을 통해 호킹은 시간 여행이 불가능함을 역설했다(호킹의 의견을 반박하려면 미래에서 온 사람이 우리의 혼란을 막기 위해 자신의 신분을 숨기고 다닐 수도 있다거나, 그런 기술을 개발하기 전에 인류가 멸망한다거나, 혹은 미래 사람들이 우리가 사는 지금 시대로

 스티븐 호킹

영국 캠브리지 대학의 루카시안 석좌교수인 스티븐 호킹은 현존하는 최고의 물리학자라 불린다. 루게릭 병을 앓아 온몸을 휠체어와 컴퓨터에 의지하면서도 우주론과 양자론에 많은 공헌을 하였다. 스티븐 호킹은 1990년 한국에 와서 강연을 한 적이 있는데 나는 그때 어머니 뱃속에서 그 강연에 참석했다고 한다.

는 시간 여행을 오지 않는다고 주장하면 어떨까?). 어쨌거나 빛의 속도가 지금보다 더 빠르면 시공간이 심하게 휘어져도 특이점이 생성되지 않아 시간 여행이 가능할지도 모르겠다. 하지만 빛의 속도는 앞으로도 변하지 않을 것이다.

쌍둥이 패러독스

쌍둥이 형제가 있다. 형은 우주비행사로 발탁이 되어 우주로 여행을 다녀왔다.

동생은 지구에 남았다. 동생의 관점에서 볼 때 우주여행을 마친 형이 지구에 돌아왔을 때에는 동생이 형보다 늙어 있어야 하는 것 같았다. 형은 우주여행을 하며 빠른 속도로 움직였기 때문에 시간이 더 느리게 갔기 때문이다.

우주여행을 하는 형이 동생을 볼 때는 지구가 빠르게 움직이는 것처럼 보인다. 그러므로 지구에서 일어나는 일들은 빠르게 움직이는 물체에서 일어나는 행동과 같아야 한다. 즉, 형의 관점에서는 지구에 있던 동생이 나이를 덜 먹은 것으로 보여야 한다.

이는 패러독스를 낳는다. 두 사람의 예측이 모두 맞을 수는 없기 때문이다. 실제 실험 결과 우주비행을 한 사람의 시간이 더 느린 것으로 나타났다. 즉, 우주여행을 다녀오면 우주 비행사는 몇 년의 시간 밖에 흐르지 않았지만 지구는 그 사이에 몇 백년이 흘러 버렸을 수도 있다는 것이다. 두 명의 예측 중 동생의 예측이 틀린 이유는 우주선이 가속운동을 하여서 등속운동에만 성립하는 특수 상대성을 따르지 않기 때문이다.

특수 상대성 이론, 일반 상대성 이론

상대성 이론은 특수 상대성 이론과 일반 상대성 이론으로 나뉜다. 흔히 특수 상대성 이론이 일반 상대성 이론보다 어렵다고 생각할 수 있으나 특수 상대성 이론은 등속계라는 특수한 상황만을, 일반 상대성 이론은 가속계라는 더 넓고 포괄적인 상황을 생각했으므로 일반 상대성 이론이 특수 상대성 이론보다 더 복잡하고 어렵다.

따라서 더 간단한 특수 상대성 이론이 먼저 나온 후(1905년) 일반 상대성 이론이 나왔다(1915년). 특수 상대성의 원래 논문 제목은 '움직이는 물체에서의 전기동역학에 관하여'이었다. 이것이 특수 상대성 이론으로 불려지게 된 것은 일반 상대성 이론이 나온 후이다. 일반 상대성 이론은 대학교에서도 연구하는 교수가 드물 정도로 난해하다. 이 책에서 다룬 내용들도 특수 상대성 이론에 중점을 두었다.

또다른 이야기 - 빛의 속도

이 세상에서 가장 빠른 속도가 빛의 속도지만 우주의 크기를 고려하면 턱없이 느리다. 보통 우주에서 길이의 단위는 광년(light year)을 쓴다. 광년은 빛이 1년 동안 달리는 거리를 뜻한다. 매우 긴 거리이다. 1광년을 km로 환산하면 9조 5천억 km이다. 그러나 태양 다음으로 가장 가까운 별인 프록시마도 지구로부터 4.3 광년이나 떨어져 있다. 지구에서 보이는 몇몇 별들은 지구로부터 몇 백 광년 정도 멀리 떨어져있는 경우가 많다. 그러므로 우리가 현재 보는 별 빛은 모두 과거의 별빛이다. 100광년 떨어져 있는 별의 빛은 100년 동안이나 우주 공간을 달려 우리 눈에 다다른 것이므로, 그 별빛은 100년 전 별의 상황을 담고 있다. 지금 그 별에서 일어나는 사건들은 우리 눈에 100년 후에 전해질 것이다. 심지어 그 별이 사라져도 우리는 100년 동안 그 사실을 알지 못한다.

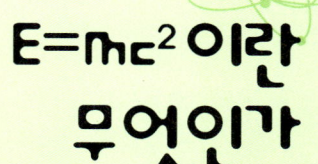

E=mc²이란 무엇인가

상대성 이론의 또 다른 내용

아인슈타인이 1905년에 제창한 특수 상대성 이론에는 질량과 에너지에 관한 내용도 있다. 당시까지 질량은 언제나 변하지 않는 것으로 생각되었지만, 아인슈타인은 적절한 수단이 있을 경우 질량은 에너지로 변환될 수 있다고 하였다. 그 에너지의 양은 질량과 빛의 속도의 제곱에 정비례한다고 한다.

질량이 가지고 있는 엄청난 에너지

수소 폭탄과 핵폭탄은 그 어마어마한 위력 외에도 공통점이 있다. 아인슈타인의 공식, $E = mc^2$에 원리를 두고 작동한다는 점이다. E는 에너지, m은 질량, c는 빛의 속도를 뜻한다. 빛의 속도는 약 초속 300,000km/s이다. 더구나 이 속도를 제곱을 했으니 이 크기는 엄청나다. 그러므로 질량이 아주 조금만 있어도 변환될 수 있는 에너지는 매우 많다는 것을 알 수 있다. 1g의 물을 에너지로 변환하면 로켓을 지구에서 달까지 왕복시킬 수 있다.

질량이 곧 에너지라는 말은 이해하기 힘들지 모른다. 1g의 물로도 그만큼 큰 에너지를 만들 수 있다면, 우리는 왜 몇 십만톤이나 되는 쓰레기들을 에너지로 활용 못하고 있는가 하는 의문을 가질 수도 있다. 그러나 엄청난 양의 질량이 있어도 그 질량을 에너지로 바꾸는 방법은 제한되어 있다.

질량을 에너지로 바꾸기 – 태우는 방법

질량을 에너지로 가장 쉽게 변환하는 방법은 태우는 것이다. 물질이 산소와 결합하여, 열과 빛을 내뿜는 것도 일종의 질량을 에너지로 변환시키는 것이다. 다만 발생하는 에너지의 양이 매우 작기 때문에, 밀폐된 공간 안에서 물질을 태워도 저울은 계속 같은 값을 가리키고 있을 것이다. 그러나 질량은 그대로 인 것이 아니라 측정이 불가능할 정도로 조금 줄어들었다.

저울 위에 종이를 올려놓고 불을 붙인 다음 바로 유리컵을 거꾸로 덮으면 밀폐된 공간 안에서 연소 반응이 일어나게 된다. 종이가 다 탈 때까지 아무런 물질도 유리컵 안에서 밖으로 나가지 않았다. 다만 열과 빛 에너지가 유리컵 밖으로 나갔을 뿐이다. 그 에너지들의 합을 $E = mc^2$ 식에 대입하면 줄어든 질량의 양을 구할 수 있다. $\Delta m = \dfrac{E}{c^2}$ 인데 c의 값은 매우 크고, E는 매우 작으므로 Δm 은 0은 아니지만 0에 가깝다. 연소뿐만 아니라 에너지 출입이 있는 모든 화학 변화에서 질량은 아주 미세하게 변화한다. 그러므로 엄밀히 말하면 화학반응에서 질량은 보존된다는 '질량보존의 법칙'은 옳지 않다. 그러나 실생활에서는 '질량보존의 법칙'을 맞다고 생각하는 것이 훨씬 편하다. '거의' 옳기 때문이다. 중·고등학교에서 질량보존의 법칙이 옳다고 가르치는 이유는 학생들의 이해를 돕기 위한 것이다. 흔히 말하는 화학에너지의 원천은 바로 이 아주 약간의 질량 변화이다.

질량을 에너지로 바꾸기 – 핵분열을 이용하는 방법

질량을 에너지로 바꾸는 또 하나의 방법은 핵분열을 이용하는 것이다. 우리가 알고 있는 수소, 산소, 탄소, 철과 같은 원소들은 매우 안정된 상태이다. 그러나 원자의 질량이 매우 큰 우라늄과 같은 원소들은 그렇지 못하다.

원자량이 큰 원자들 중 일부는 원자핵에 중성자가 부딪힐 때 분열되기도 한다. 우라늄의 경우를 살펴보자. 우라늄은 자연 상태에 그냥 놔두면 스스로 한꺼번에 분열하지는 않는다. 자연 상태의 우라늄은 주로 우라늄 238로 되어 있고 45억 년마다 그 양의 반이 납으로 변한다. 이보다 불안정한 우라늄 235도 반감기는 7억 년이 넘는다.

이 반응을 빠르게 하여 한꺼번에 많은 양의 에너지를 만들어 내려면 밀도가 높은 우라늄 235에 속도가 느린 중성자를 쏘아주면 된다. 우라늄 원자핵은 분열하여 에너지를 만들고 2~3개의 중성자를 만들어 낸다. 이 중성자는 다른 우라늄 원자들을 때려서 또 분열을 일으키고, 더 많은 중성자들은 더 많은 우라늄들을 분열시켜 폭발적인 에너지를 얻는다.

이때 우라늄 원자핵이 분열되기 전과 분열되고 난 후의 입자들의 질량이 서로 차이가 나는데, 분열 전 입자의 질량보다 분열 후의 파편들의 질량이 더 작다. 그렇다면 이 없어진 질량들은 어디로 갔을까? 이들은 모두 아인슈타인의 질량－에너지 변환 공식($E = mc^2$)에 의해 에너지로 변환되었다. 위 식에서 c^2의 값이 매우 크기 때문에 우라늄의 질량 변화는 미세해도 그 에너지의 양은 어마어마하다.

한번 우라늄이 점화되면 계속 중성자들이 생겨나기 때문에 점화된 이후에는 더 이상 중성자를 쏘지 않아도 된다. 마치 땔감을 태울 때에 한번 불만 붙이면 더 이상 불을 붙이지 않아도 스스로 타는 것처럼.

이 과정을 빠르게 하면 핵폭탄이 되는 것이고, 느리게 하면 핵분열 발전이 된다. 핵분열 발전을 할 때에는 탄소봉을 반응로 안에 넣었다 뺐다 하며 속도를 조절한다. 탄소봉은 중성자들을 잡아두기 때문에 탄소봉을 넣으면 핵분열 속도가 느리게 진행되는 것이다.

질량을 에너지로 바꾸기 － 핵융합을 이용하는 방법

또한 핵융합을 이용하는 방법도 있다. 우리가 흔히 알고 있는 수소 폭탄이나 태양 등의 별에서 에너지가 나오는 원리는 핵융합에 의한 것이다. 핵융합 반응 중 가장 낮은 온도(약 10만도)에서도 가능한 것이 수소 핵융합이다. 핵융합으로 에너지가 생성되려면 4개의 수소가 모여서 1개의 헬륨으로 변환되어야만 한다.

핵융합은 보통 조건에서는 일어나지 않는다. 먼저 충분한 온도가 가해져 수소 원자의 전자와 원자핵이 분리된 상태인 플라스마 상태로 변환되어야 한다. 이때에 4개의 양성자가 모여 헬륨 원자핵 1개를 이루는데 이 과정은 결코 간단치 않다. 원자핵끼리는 +극 반발력을 형성하기 때문이다. 그래서 이들을 하나로 뭉치려면 이 입자들이 엄청난 속도로 움직여 충돌해야 하기 때문에 10만도가 넘는 온도가 필요하다. 원자핵들이 서로 충분한 속도로 부딪히면 원자핵들은 전자기력을 이기고 핵력의 범위 안에 들어간다.

핵력이란 자연계의 4가지 힘(중력, 전자기력, 핵력, 약력) 중의 하나로서 양성자를 서로 묶어주는 힘이다. 양성자 간의 반발력보다 더 센 힘으로서 매우 가까운 거리에서만 작용한다는 특징이 있다. 여러 개의 양성자로 이루어진 원자핵이 서로 흩어지지 않는 것은 이 핵력이 양성자들을 결합시켜주기 때문이다.

핵력의 범위 안에 들어간 양성자들은 서로 결합하여 다른 양성자들과 함께 헬륨 원자핵을 형성하며 에너지를 발산한다.

이 과정에서 처음 4개의 수소 원자에 비해 만들어진 헬륨 원자의 질량이 조금 작다. 이 손실된 질량 역시 에너지로 변환되었다. 이 에너지의 양은 우라늄을 이용한 핵분열에 비해 더 크기 때문에 수소 핵융합은 우라늄 핵분열에 비해 더 많은 에너지가 생성된다.

수소 핵융합 역시 핵분열 반응과 마찬가지로 한번 반응이 시작되면 그 반응에서 나오는 에너지로 주위에서 같은 반응이 연쇄적으로 일어난다. 문제는 처음 반응을 시키는 데 엄청난 에너지가 소모된다는 점이다. 수소 핵융합의 점화온도인 10만 도는 태양의 표면온도인 6000도보다도 훨씬 높다.

수소 헬륨 등으로 구성되어 있는 목성은 태양계에서 가장 큰 행성이다. 그 큰 행성의 중심은 매우 뜨거운데도 불구하고 점화온도까지는 올라가지 못했기 때문에 목성은 핵융합을 하지 못해 행성으로 남게 되었다. 만약 목성이 지금보다 더 컸다면 빛을 내는 별이 되었을 수도 있다.

질량을 에너지로 바꾸는 방법은 이 외에도 반물질을 이용하는 방법이 있는데 이는 나중에 설명하기로 하자.

수소 핵융합의 메커니즘

수소 핵융합은 수소가 연료이지만 모든 수소가 핵융합을 하는 것은 아니다. 전체 수소 중의 10%를 차지하는 이중수소(deutrium)가 있어야만 핵융합이 일어날 수 있다.

보통 수소는 양성자 하나에 전자 하나가 이 주위를 돌고 있는 구조이다. 반면 이중수소는 양성자 주위에 중성자 하나가 더 붙어있다. 이 외에도 삼중수소라는 것이 있는데, 삼중수소(tridium)는 원자핵에 2개의 중성자가 더 붙어있다. 그러므로 보통 수소에 비해 이중수소가 더 무겁고, 삼중수소는 가장 무겁다. 전자의 개수는 변함이 없다.

핵융합의 과정을 이해할 수 있도록 이중 수소와 일반 수소가 핵융합하는 과정을 살펴보자.

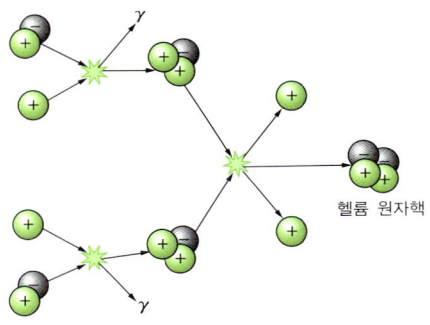

양성자 하나와 중성자 하나로 구성된 이중수소 원자핵이 수소 원자핵(양성자)과 충돌해 양성자 2개 중성자 1개의 결합체를 형성한다. 이 같은 결합체 2개가 충돌하면 양성자 2개가 빠져나가며 헬륨 원자핵이 탄생한다. 이 과정에서 막대한 에너지가 발생한다.

이때 사라진 미량의 질량은 아인슈타인의 질량-에너지 법칙인 $E=mc^2$에 의해 에너지로 변환된다. 일반적인 연소 반응에 비해 수소 핵융합 반응은 높은 효율성을 지닌 질량 에너지 전환 기술이다.

수소 핵융합 다음은?

태양에서는 수소 핵융합이 일어나고 있으므로 수소를 소비하며 계속 헬륨이 생성된다. 현재 헬륨은 태양 질량의 약 10%를 차지하고 앞으로도 계속 늘어날 것이다. 그런데 헬륨은 단지 핵융합 반응을 하고 남은 쓸모없는 재(ash)에 불과할까? 그렇지 않다. 반응을 끝낸 헬륨도 수소와 같이 핵융합이 가능하다. 헬륨 다음에는 탄소와 같이 몇 번의 단계를 거쳐 가장 안정된 원소인 철까지 다다르게 되는데, 이 순서는 수소−헬륨−탄소−질소−산소−네온−마그네슘−철 순서이다. 그러므로 더 이상 핵융합을 하지 못하는 철이 진짜 핵융합의 재이다. 핵융합은 가벼운 원소들이 모여 무거운 원소를 형성하는 과정이기 때문에 순서도의 오른쪽으로 갈수록 질량이 크다.

헬륨 핵융합을 하려면 수소 핵융합을 하는 것보다 더 높은 점화 에너지가 필요하다. 다른 원소들도 오른쪽으로 갈수록 더 높은 점화 온도를 필요로 한다. 그러므로 충분한 온도가 뒷받침되지 않는다면 위와 같은 반응은 중간에서 끝나버릴 수도 있다. 태양은 헬륨 핵융합 이상을 일으킬 에너지는 가지지 못했다. 그러므로 태양이 수소 핵융합 반응을 모두 마치고 나면 더 이상의 융합 반응을 일으키지 못하고 서서히 식어갈 것이다.

그런데 위의 설명 중 혹시 이상한 점을 발견하지 못 했는가? 중학교 3학년 화학에 나오는 돌턴의 원자설에서는 한 원자는 다른 원자로 변환될 수 없다고 했는데, 우라늄은 납으로, 수소는 헬륨으로 변화했다. 사실 돌턴의 원자설도 엄밀히 말하면 옳지 않다. 현대 물리에서 원자들은 다른 원자들로 바뀔 수 있기 때문이다. 이렇듯 현대 과학의 세계에서는 기존의 상식과 법칙이 무시되는 경우가 많다. 심지어는 모든 과학 법칙이 무시되는 곳도 있다.

다음 장에 나오는 현대, 천체 물리학은 우리의 사고를 바꾸어야만 쉽게 이해할 수 있다. 그만큼 어려운 부분이니 이해가 잘 가지 않는다면 여러 번 읽고 곰곰이 생각해 보는 것도 좋겠다.

상온 핵융합

수소가 헬륨으로 변할 때 내는 엄청난 에너지를 우리 인류가 사용할 수 있다면 얼마나 좋을까? 수소 핵융합은 우라늄 핵분열과는 다르게 방사능, 폐기물도 거의 없고 연료로 쓰이는 수소는 바다, 우주에 널려 있다.

수소 핵융합의 장애물은 10만도에 달하는 점화온도이다. 이 온도를 내기 위해서는 막대한 에너지가 필요하다. 이 온도에서 웬만한 물질은 플라즈마 상태로 변하기 때문에 핵융합을 일으킬 장비를 구하는 일도 어렵다.

최근에는 전자기장으로 수소를 공중에 띄어 놓은 채 핵융합을 일으키는 장치가 연구 중에 있다. 이를 토카막(tokamak)이라 부르며 수소 플라즈마가 부양한 채 도넛 형태의 내부 궤도를 따라 회전하도록 한다.

상온 핵융합을 실용화 할 수 있다면 인류는 에너지난에서 벗어날 수 있다. 수소는 우주의 75%를 차지할 만큼 양이 많고 효율성도 높으며 융합을 거치고 나서 발생하는 헬륨 역시 무해하다. 앞으로 몇 십 년의 사용량 밖에 남지 않은 석유를 대체할 에너지가 절실하기 때문에(요즘은 차타고 다니기가 무서울 만큼 기름값이 비싸다) 이 분야는 연구할 가치가 매우 높다.

현재 상온 핵융합의 방법으로 주목받는 것은 수소 원자의 전자를 뮤온이라는 입자로 대체하는 것이다. 뮤온은 다른 성질은 전자와 같지만 전자보다 훨씬 무겁다. 뮤온은 무겁기 때문에 전자보다 훨씬 원자핵에 가깝게 돈다. 주목할 점은 뮤온이 두 개의 수소 원자핵 주위를 돌 수도 있다는 점이다. 뮤온이 두 개의 수소 원자핵을 돌면 두 수소 원자핵은 서로 가까이 접근해 핵융합을 일으킬 가능성이 크다는 것이 과학자들의 생각이다. 그러나 아직까지 이 방법은 많은 연구를 필요로 한다.

09 physics

빛보다 빠를 수 있지 않을까?

자연계에서 가장 빠른 것은 빛이라고 하였다. 그렇다면 빛보다 빠른 것은 정말 아무것도 없을까? 빛보다 빠른 입자를 상상해보는 것은 어떨까?

빛보다 빠른 속도

어떤 물체도 빛보다 빠를 수 없지만 빛보다 빠른 속도는 분명 존재한다. 이 속도는 손가락 한번만 까딱해도 만들어 낼 수 있다.

지구에서 멀리 떨어진 곳에 큰 스크린을 설치한다. 지구에 있는 당신은 레이저 포인터를 하나 들고 스크린을 향한 후 각도를 조금만 변화시킨다.

거리가 멀다면 각도를 조금만 변화시켜도 레이저 점의 이동거리는 매우 길어진다. 레이저 점은 손가락이 움직인 시간동안 스크린 위를 움직인다. 스크린이 충분히 멀리 있다면 레이저의 점은 스크린 위를 빛보다 빠른 속도로 움직일 것이다.

이것은 실제로 가능한 일이다. 그렇다면 빛의 속도가 가장 빠르다는 말은 틀린 것일까? 그렇지 않다. 빛의 속도가 가장 빠르다는 뜻은 신호, 혹은 사건의 전달 속도가 빛보다 빠른 것이 없다는 뜻이다. 방금 말한 레이저 포인터가 신호를 빛보다 빠르게 전달하는 것은 아니다. 스크린 위의 한 점 A에서 다른 점 B까지 이 레이저 포인터를 이용해 신호를 보낸다고 하자. 레이저 포인터 점은 분명 A에서 B까지 빛의 속도 이상으로 움직이지만 B가 받은 신호는 지구에서 광속으로 날아온 레이저이다. 그러므로 B는 지구에서 온 신호를 받은 것이지 결코 A로부터 신호를 받은 것이라고는 할 수 없는 것이다.

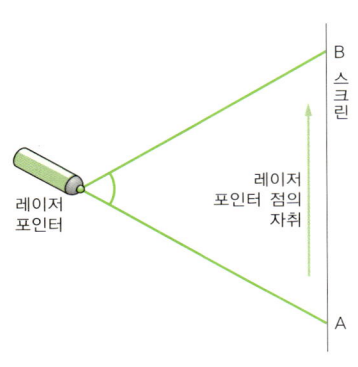

A점에서 B점으로 레이저를 쏜다. 스크린이 충분히 멀다면 작은 각도 변화만으로도 스크린 위의 점의 속도는 빛의 속도보다 빠르다.

타키온

타키온(tachyon)은 빛보다 빠르다고 예측된, 아직 발견되지 않은 입자이다. 타키온은 영원히 발견되지 않을 수도 있다.

이론상으로 예측된 타키온의 성질은 여러 가지가 있다. 그 중 하나는 타키온의 속도는 절대 광속보다 느려질 수 없다는 것이다. 움직이는 방향으로 힘을 받으면 속도가 빨라지는 일반적인 물체와 달리 타키온은 같은 방향의 힘을 받으면 속도가 느려진다. 반면 자신의 진행 방향과 반대의 힘을 받으면 오히려 속도가 빨라지는 특이한 성질을 지녔다. 타키온은 광속 이상의 속도를 가지기 때문에 생성되자마자 과거로 이동한다는 추측도 있지만 확실한 것은 아니다.

타키온은 광속 이상의 속력을 가지기 때문에 과학자들은 타키온의 직접적인 검출보다는 타키온이 지나다니며 남긴 흔적을 찾아 타키온의 존재를 증명하려 한다. 그러나 아직 타키온의 존재 가능성에 대해서는 별 성과가 없으며, 먼 미래에나 발견되거나 아니면 아예 발견되지 않을 수도 있다.

결론은 빛보다 빠른 것은 아직까지 아무것도 없는 것이다.

타키온의 패러독스

확신할 수는 없지만 빛보다 빠른 속도로 움직이는 물체는 과거로 갈 수도 있다. 그렇다면 빛보다 빠른 가상의 입자 타키온이 실제 존재하고 과거로 가는 특성을 가진다면 어떤 일이 벌어질까?

쉴레만 씨는 절친한 친구 바르샤버에게 편지를 쓰기로 했다. 편지의 내용을 타키온 입자에 실어서 화성 기지에 살고 있는 바르샤버에게 5월 5일에 보냈다.

편지를 보낸 후 쉴레만은 생각에 잠겼다.

'타키온은 분명히 빛보다 빠른 물체이므로 과거로 돌아갔을 것이다. 그렇다면 친구 바르샤버가 내 편지를 받은 것은 5월 5일 이전이겠군. 그렇

다면 그는 나에게 답장을 5월 5일 이전에 미리 보냈을 텐데… 그럼 내가 아직 편지를 보내기도 전에 벌써 답장을 보냈단 말인가? 만일 내가 답장을 받고 편지를 쓰지 않으면 어떤 일이 벌어지지? 내가 편지도 쓰지 않았는데 답장을 받을 리는 없을 테니.'

궁금함에 잠긴 쉴레만 씨는 며칠동안 열어보지 않은 그의 편지함을 열어보는데…

이야기는 여기까지이다. 쉴레만 씨의 편지함 속에 그가 편지를 보내기도 전에 받은 답장이 있을지는 아직 확실치 않다. 실제로 이런 실험을 해봐야만 알 수 있을 것이다.

요약해 보자. 타키온으로 편지를 보내면 그 편지는 과거로 거슬러 올라갈 것이다. 편지를 아직 쓰기도 전에 그가 쓴 편지는 도착한다. 이는 논리적으로 맞지 않는다. 어떻게 쓰지도 않은 편지가 벌써 전달될 수 있는가. 이는 패러독스임이 분명하다.

10 physics

빛의 입자설과 파동설

입자? 혹은 파동?

빛을 파동으로 알고 있는 사람들이 많을 것이다. 학교 물리 시간에 진폭, 파장, 진동수 등, 빛이 파동적 특성에 대해 배웠기 때문일 것이다. 하지만 빛을 파동으로만 보기에는 여러 가지 모순이 있다. 어떤 때에는 빛이 입자의 특징을 나타낼 때가 있다. 빛이 입자인지, 파동인지에 대한 논쟁은 뉴턴 시대부터 뜨거웠다. 뉴턴은 빛이 입자라고 주장했고, 토마스 영, 호이겐스, 로버트 후크 등은 파동이라 주장했다. 빛이 만드는 여러 현상들은 두 입장 모두로도 설명이 가능했기 때문에 더욱 혼란스러웠다. 입자설과 파동설이 빛의 특성에 대해 어떻게 설명했는지 알아보자.

■ 빛의 직진

빛이 직진하는 것은 누구나 다 알고 있을 것이다.

- **파동설** : 모든 파동은 직진한다. 빛도 파동이기 때문에 직진한다. 만약 빛이 입자라면 중력에 의해 아래쪽으로 휘어야 할 것이 아닌가?

- **입자설** : 그렇지 않다. 빛은 매우 빠른 속도로 움직이기 때문에 중력의 영향을 적게 받는다.

■ 빛의 굴절

빛이 다른 매질로 들어갈 때 경로가 꺾이는 현상을 굴절이라 한다. 공기 중에서 물로 들어간 빛은 굴절한다.

- **입자설** : 빛이 꺾이는 이유는 힘을 받기 때문이다. 물은 공기에 비해 빛을 강하게 잡아당긴다. 공기에서 들어오던 빛이 물에서 꺾이는 것은 당연하다.

- **파동설** : 빛의 속도는 공기 중에서보다 물 속에서 더 느리다. 그러므로 빛이 비스듬이 들어올 경우 속도가 더 느려져 빛이 꺾임으로서 더 짧은 파장을 나타내는 것이다. 이 원리는 도로 위에서 빠르게 달리던 자동차가 잔디밭으로 들어가면 방향이 꺾이는 것과 같다.

■ 빛의 반사

빛이 거울과 같은 반사체를 만나면 반사가 일어난다. 반사 역시 파동의 고유한 성질이지만 입자설로도 이런 현상을 설명할 수 있다.

- **파동설** : 빛이 파동이라는 강한 증거이다. 반사는 파동에서만 볼 수 있기 때문이다.
- **입자설** : 그렇지 않다. 입자 역시 반사가 가능하다. 빛 입자는 완전 탄성체이기 때문에 반사체로부터 되돌아 나온다.

■ **빛의 회절**

좁은 틈새를 빠져나간 파동은 넓게 퍼진다. 이를 회절이라 부르며, 파장이 길수록, 슬릿의 폭이 좁을수록 회절이 잘 일어난다. 실험을 통해 빛도 회절을 하는 것으로 나타났다.

- **파동설** : 회절은 파동의 성질이다. 그러므로 빛은 파동이다.
- **입자설** : 아니다. 물질들은 빛 입자를 밀어내는 성질이 있다. 빛 입자들이 작은 틈새를 지나갈 때 척력을 받아 한곳으로 모였다가 다시 퍼지면서 회절이 일어나게 된다.

이 논쟁들은 끝도 없이 이어질 것 같다. 실험을 통해 누구 말이 옳은지 알아보자.

대세는 파동설로

파동의 굴절로 되돌아가자. 파동설에서는 빛의 속도가 느려지기 때문에, 입자설에서는 아래쪽으로 힘을 받기 때문에 굴절이 일어난다고 하였다. 물속에서 빛의 속도를 측정하면 누가 옳은지 알 수 있을 것이다.

파동설이 옳다면 물속에서 빛의 속도는 지상에서보다 느릴 것이다. 입자설이 옳다면 빛의 속도는 더 **빨라져야** 한다. 물에 의해 힘을 받았기 때문에 그만큼 더 속도가 빨라질 것이기 때문이다.

그래서 실제로 긴 관 속에 물을 채워 넣고 빛의 속도를 측정하는 실험이 행해졌다. 그 결과 빛은 물속에서 더 느려지는 것으로 밝혀졌다. 빛이 파동임이 입증된 것이다.

이 뿐만이 아니었다. 빛은 촘촘한 격자 무늬를 통과하지 못하였다. 유리에 검은 선들을 나란히 그어 놓으면 그 뒤의 풍경을 볼 수 있다, 그러나 이런 유리 두 개를 서로 직각으로 겹쳐 선들이 그물 무늬가 되게 하면 뒤의 풍경을 전혀 볼 수 없다. 이는 빛의 진폭이 격자보다 커서 빛이 그 격자를 통과하지 못한다는 것을 의미한다. 이를 '**편광 현상**'이라 부르며 빛이 횡파라는 강력한 증거이다. 이로서 빛은 파동임이 거의 확정되는 것 같았다.

 편광 현상

일상에서 쉽게 접하는 편광판은 선글라스이다. 일부 선글라스는 편광렌즈를 쓴다. 즉, 검은색으로 보이는 렌즈가 사실은 가느다란 선들로 차있다는 것이다. 선글라스를 통해 LCD 모니터를 보자. 그리고 선글라스를 돌려보자. 어떤 현상이 일어나는가? 모니터가 밝았다 어두워졌다를 반복하지 않는가?(아무 변화가 없다면 그 선글라스는 편광렌즈를 쓰지 않았다.)

아인슈타인이 밝혀낸 빛의 본질

끝도 없을 것 같던 빛의 본질 논쟁에 종지부를 찍은 것은 아인슈타인이었다. 아인슈타인은 빛이 금속에 부딪혀 전자를 내보내는 광전 효과(photon effect)를 관찰함으로서 빛은 입자이며 동시에 파동이라는 결론을 내린다. 물리학사에서 중요한 의의를 지닌 광전 효과와 아인슈타인이 내린 그 해석에 대해 알아보자.

금속에 빛을 쏘이면 전자는 에너지를 받아 금속 밖으로 튀어 나온다. 하지만 광전 효과에는 몇 가지 특이한 점이 있었다.

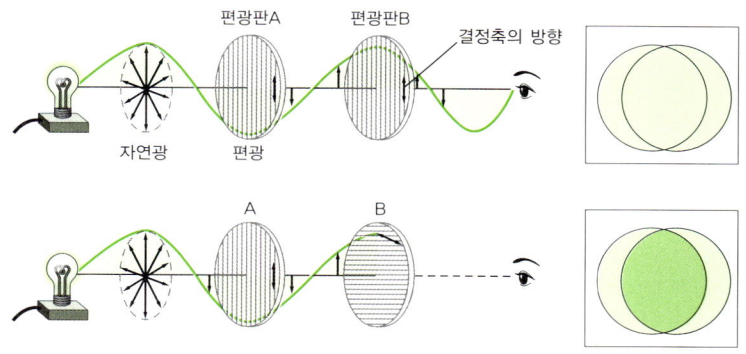

빛은 자신의 진동방향과 평행한 편광판을 통과한다. 따라서 한번 편광판을 통과한 뒤 이와 직각인 편광판을 통과할 수는 없다.

- 빛의 진동수가 높을수록 튀어나오는 전자는 더 큰 속도를 가진다. 일정 진동수 이하의 빛은 아무리 빛의 세기가 세도 전자가 튀어나오지 않는다. 즉 전자가 튀어나올지 여부는 오직 진동수가 결정한다.
- 빛의 세기(진폭, 밝기)는 아무리 세게 해도 튀어나오는 전자의 속도는 변하지 않는다. 즉 빛의 세기는 오직 튀어나오는 전자의 양만 결정한다.

이 현상을 어떻게 이해해야 할까? 일반적으로 진폭이 커지면 파동의 에너지도 커진다. 따라서 진폭이 커도 튀어나오는 전자의 운동에너지가 변하지 않는다는 사실은 과학자들을 당황케 했다.

아인슈타인은 이 현상에 대해 명쾌한 해답을 내놓았다. 광자는 진동수에 비례하는 에너지 값을 가진 덩어리라는 것이다. 이것은 빛을 파동이자 입자로 생각한 발상이었다.

아인슈타인이 생각한대로 진동수가 빛 알갱이의 에너지를 결정하고 빛의 세기가 광자의 양을 나타낸다면 광전 효과는 쉽게 설명된다.

먼저, 진폭이 커져도 튀어나오는 전자의 속도가 변하지 않는 현상에 대해 알아보자. 진폭이 커진다는 뜻은 광자의 개수가 많아진다는 것이다. 금속의 원자핵 주위를 돌고 있는 전자는 반드시 1개의 광자와만 충돌한다. 따라서 광자의 양이 많아지면 튀어나오는 전자의 개수만 변하는 것이다.

만일 진동수가 높아진다면 어떻게 될까? 진동수가 높아지면 각 광자의 에너지만 변화한다. 고에너지의 광자가 생성되는 것이다. 이 경우 금속에서 튀어나오는 전자의 개수는 고정된 채 전자의 운동에너지만 변화하는 것이다.

빛의 세기와 진동수의 정확한 정의를 알아보자. 진동수는 빛이 1초 동안 진동한 횟수를 나타낸다. 가시광선의 경우 진동수에 따라서 색이 변하게 된다. 또한 진동수가 높을수록 빛의 에너지도 더 커진다. 진동수는 빛이 1회 진동하는데 걸리는 시간인 주기에 반비례한다. 주기가 짧을수록 진동수가 높아지는 것이다.

빛의 세기는 빛의 진폭을 나타낸 것이다. 예를 들어 전등의 색을 빨간색에서 보라색으로 바꾸면 빛의 진동수를 높인 것이고, 전등의 색은 그대로 두고 빛을 더 밝게 하거나 같은 전등을 여러 개 사용하면 빛의 세기를 높인 것이다.

일정 진동수 이하의 빛에서는 아무리 세기가 강해도 전자가 튀어나오지 않는다는 사실도 설명된다. 전자를 원자핵의 인력에서 벗어나게 하려면 일정 정도 이상의 에너지가 필요하다. 따라서 광자의 에너지가 최소 에너지보다 작으면 광자가 아무리 많아도 전자는 튀어나오지 않는다.

즉, 빛은 파동의 특성과 입자의 특성을 동시에 지닌다. 아인슈타인은 이러한 결론을 내림으로서 논쟁을 종식시키면서 노벨 물리학상(1921년)을 수상하였다.

빛이 입자이며 파동이라는 이중성은 우리의 상식으로 생각하면 이상하기 그지없다. 좀 더 현대적인 물리학인 양자역학은 이보다 더 이상하다. 양자역학에서는 모든 입자들은 파동이라고 말한다. 다만 그 파동은 너무 미세해서 분자보다 큰 물체에서는 그 파동을 무시해도 되지만 미시 세계에서는 이를 무시하면 안 된다. 이 개념은 양자역학의 핵심적 내용이다.

일상생활에서

빛의 이중성은 우리 생활에서도 쉽게 발견할 수 있다. 나는 평소 야외 활동을 많이 하기 때문에 피부가 까만 편이다. 그러나 하루 종일 형광등 불빛 아래서 일하는 회사원들은 대부분 피부가 하얗다. 빛을 쬔 시간은 회사원들과 비슷한데 왜 나는 까맣고 그들은 하얄까? 형광등 빛이 약해서 그럴까? 그건 아니다. 아무리 강한 형광등 빛을 쏘여도 피부는 절대 타지 않는다.

이 역시 빛의 파동, 입자의 이중성으로 설명 가능하다. 피부 세포 분자는 일정량 이상의 에너지를 받아야 화학반응을 일으켜 색이 변한다. 빛 입자 하나하나의 에너지(진동수)가 이 양보다 작으면 아무리 빛 입자의 양(빛의 세기)이 많아도 화학반응은 절대 일어나지 않는다. 형광등 빛의 진동수가 화학반응을 일으킬 만큼 높지 않아 형광등 아래에서는 피부가 타지 않는 것이다.

★ 우리의 운명은 결정되어 있는 것일까?

우리의 운명은 결정되어 있는 것일까? 아니면 우리가 행동하기에 따라 달라질까? 이 문제는 아직 논쟁이 계속되고 있다.

결정론에서는 우리의 미래는 우리가 태어날 때부터 정해져 있다고 주장한다. 우리가 어떤 행동을 할 것인지 그 조차도 정해져 있다고 한다. 이는 우리가 아직 법칙을 발견하지 못했을 뿐이지 한 사건이 일어나는데 영향을 미치는 모든 요소를 고려하면 어떤 현상이 일어날 수 있을지 완벽하게 예측이 가능하다고 한다. 그러므로 우리는 항상 그 예측을 따르게 되는 것이고 우리의 미래는 이미 드라마의 대본을 따라하는 것처럼 정해져 있다는 뜻이다. 칼뱅의 '사람이 천국에 갈지 지옥에 갈지는 태어날 때부터 정해져 있다'는 주장도 결정론에 해당한다.

비결정론은 우리의 미래는 결정되어 있지 않으며 우리가 어떻게 행동하느냐에 따라 미래가 바뀐다고 말한다. 그러므로 미래는 누구도 예측할 수 없으며 불확실하다고 주장한다. 미래의 사건이 일어날 때 너무나도 많은 요소가 개입되어 있어 미래는 예측이 불가능하다고 주장하는 것이다. 예를 들어 주사위를 던질 때 나오는 숫자는 공기의 밀도, 손의 각도, 중력, 던져지는 속력 등 많은 요소가 개입되어 있고, 이 중 하나의 요소에 변함이 있으면 결과가 뒤바뀌기 때문에 오직 확률로만 결과를 예측할 수 있다. 이것은 비결정론의 근거이다.

현대의 양자역학과 카오스 이론은 비결정론을 지지한다. 양자역학에서는 불확정성의 원리로 인해 한 입자의 위치와 속도를 둘 다 정확히 아는 것은 구조적으로 불가능하다고 말한다. 카오스 이론에서는 인간이 아무리

정확한 자료를 가지고 있어도 카오스적 운동양상을 보이는 물체를 정확히 예측할 수 없다고 말한다.

비결정론을 지지해주는 또 다른 근거는 미래를 보여주는 기계 문제이다. 결정론이 옳다면 미래를 예측할 수 있는 기계를 만드는 것이 가능하다. 만약 그런 기계가 발명되면 우리는 우리의 미래 모습을 볼 수 있을 것이다. 예를 들어 갑돌이의 3시간 후 미래의 모습은 집에서 낮잠을 자고 있는 모습이라고 하자. 그 모습을 본 갑돌이는 낮잠을 자지 않기로 결심했을 때, 그의 3시간 후 미래는 어떻게 되어 있느냐는 점이다.

나는 개인적으로 결정론이 옳다고 생각한다. 아무리 영향을 미치는 항목이 다양하고 많아도 자연은 충분히 그 결과를 내놓는다. 즉, 우리가 예측하고 예측하지 못하는 것과는 상관없이 자연은 모든 요소를 고려하여 그 결과를 미리 알고 있는 것이다. 다만 우리가 그 결과를 예측할 수 없을 뿐 자연의 모든 행동은 정해져 있다고 생각된다.

가령 당신이 이 글을 읽고 무슨 생각을 할지는 내가 예측할 수는 없겠지만 하느님은 당신이 살아온 모든 환경, 경험, 가치관, 지능, 성격 등을 고려해 어떤 결과가 나올 수 있을지 알고 있다는 것이다.

앞에서 언급한 미래를 보여주는 기계 문제 역시 나는 두 가지 결과를 제안한다.

한 가지는 갑돌이가 낮잠을 자지 않겠다고 결심하는 순간 미래를 보여주는 기계의 모습이 바뀌는 것이다. 즉, 기계는 갑돌이의 모든 생각, 가치관을 고려해서 미래의 모습을 보여주는 것이다. 만약 실제로 이렇게 된다면, 우리의 삶은 비결정적인 것에 더 가까워 질 것 같다. 그의 마음에 따라 미래가 변하기 때문이다.

그러나 좀 더 다른 관점에서 이 문제를 볼 수 있을 것이다. 갑돌이가 미래를 보여주는 기계를 보는 것과 그 기계를 봐서 마음이 변하는 것까지 이미 결정되어 있다고 생각하면 이 결과는 결정론에서도 크게 벗어나지 않는다.

두 번째는 갑돌이가 정말로 3시간 후에 낮잠을 자고 있는 것이다. 미래를 결정하는 기계는 갑돌이가 기계를 보고 어떤 결심을 할 것인지까지 모두 예측해서 3시간 후의 정확한 미래를 보여준다고 가정하는 것이다. 그렇다면 갑돌이가 미래의 모습과 다르게 행동하겠다고 결심하면 어떻게 될까? 기계는 역시 그 점까지 예측해서 3시간 후의 미래를 보여주는 것이라고 생각하면 된다. 이런 경우, 머리 아픈 문제가 발생한다.

이 문제의 확실한 답은 오랫동안 풀리지 않을 것 같다.

★ 시간이 느리게 가면 더 오래 살까?

빨리 달리기 때문에 시간이 느리게 가는 기차 안에 사람이 서있다. 그가 보기에 기차 안의 시계는 정상적으로 작동하고 있을까? 아니면 더 느리게 작동하고 있을까?

시계와 사람은 같은 관성계 내에 존재하므로 두 개체의 시간 지연 효과도 같다. 또한 상대성 원리에서 모든 것의 기준은 자기 자신에게 있기 때문에 기차 안에 있는 사람이 보는 시계는 자신이 평소 보던 것과 아무런 차이가 없다. 시간이 느리게 흐르면 모든 사람과 사물이 외부에서 관측했을 시에 더 느리게 움직인다. 하지만 이것은 반드시 외부에서 관찰되어야 한다. 시간이 느려지는 장소 안의 사람은 아무런 시간의 변화를 느끼지 못한다. 시간이 빨리 가도 마찬가지다. 시간이 얼마나 빠르고 느리게 흐르던

그 안에 있는 사람이 느끼는 시간은 언제나 일정하다. 시간이 느려지는 만큼 사람의 감각기능도 똑같이 느려지기 때문이다.

내가 살고 있는 곳의 시간이 느리게 가면 다른 사람들이 보기에 내가 산 일생은 더 길어 보인다. 하지만 더 긴 대신에 모든 것이 그 만큼 더 느리다. 내가 정상적인 시간으로 살았을 때의 시간을 내가 가지고 있던 시계로 재서 80년이 나오면, 내가 느리게 살아도 80년이 나온다. 시간이 느리게 간다 해도 그 시간의 총 양이 변하는 것은 아니기 때문이다.

흔히 우리는 매우 기쁜 일이 있을 때, '이대로 시간이 멈춰 버렸으면 좋겠어'라는 말을 한다. 만약 이걸 본 시간의 마법사가 진짜 시간을 멈춰주면 우리는 그것을 느낄 수 있을까? 그렇지 않다. 우리는 시간이 멈췄는지도 모른다.

우리는 감각을 전기적 반응으로 감지한다. 전기적 작용으로 반응을 감지한다는 뜻은 전자의 움직임으로 반응을 감지한다는 뜻이다. 시간이 멈추면 신경에서 움직이던 전자들도 모두 멈춰버린다. 그러므로 시간이 멈추면 우리는 시간이 멈추었는지도 알지 못한다. 시간이 멈추면 모든 것이, 당신의 감각마저도 멈추기 때문이다. 지금 당신이 이 책을 읽는 사이에 시간이 오랫동안 멈췄다가 다시 흘러도 당신은 아무런 느낌을 받지 못한다. 시간이 멈추었는지도 역시 모른다.

그러므로 시간이 느리게 가든, 시간이 빠르게 가든, 우리는 항상 일정한 시간의 흐름을 느끼기 때문에 일생을 사는 시간의 길이는 전혀 변함이 없다. 우리는 항상 일정한 시간의 흐름을 느끼기 때문이다. 오히려 인생을 느긋하게 생각하는 것이 같은 시간을 더 오래 살 수 있는 방법이지 않을까.

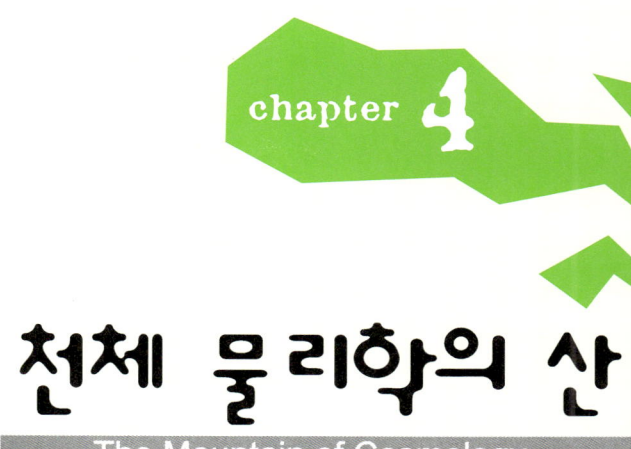

chapter 4

천체 물리학의 산
The Mountain of Cosmology

해발
6,252m

산을 오르는 게 매우 즐겁다. 산도 매우 높고 넓지만 오르고 나면 그 뿌듯함은 무엇과도 비교할
수 없다. 정상에서 보는 풍경은 광활하기 이를 데 없다.

태양과 행성과 위성

태양계에 대해

천체물리학에 대해 알기에 앞서, 우리가 사는 지구와 태양계에 대해 살펴보자.

항성, 즉 별은 스스로 빛과 열을 내는 천체를 말한다. 태양도 항성에 속한다. 영화에서 외계인들이 ○○별에서 왔다고 하는데 이는 잘못된 표현이다. 별은 핵융합 반응으로 인해 빛을 내기 때문에 상상을 초월할 정도로 뜨겁다. 그러므로 그 곳에 생명체가 산다는 것은 있을 수 없는 일이다.

행성은 항성 주위를 돌며 빛, 열 등을 내뿜지 않는 천체이다. 우리 지구를 포함하여, 수성, 금성, 화성, 천왕성, 소행성 등이 이에 포함된다.

위성은 행성 주위를 도는 물체를 말한다. 포보스, 달, 인공위성 등이 이에 속한다. 보통 질량이 큰 행성 주위에 위성도 많다. 그만큼 중력이 강해 여러 위성을 붙잡아 둘 수 있기 때문이다. 목성, 토성과 같이 커다란 행성은 여러 개의 위성을 지니고 있다.

태양계에서 유일한 항성인 태양은 8개(2006년 명왕성은 행성의 지위를 박탈당했다)의 공식적으로 인정된 행성과 그 위성, 소행성, 혜성 등 수많은 천체들을 거느리고 있다.

태양계의 형성

태양계는 가스 덩어리와 먼지가 모여 있던 성운에서 출발하였다. 시간이 지나면서 성운의 가스와 작은 알갱이들은 빠른 속도로 회전하여 높은 온도의 응축원반을 형성했다. 원반의 가운데가 밀도가 높기 때문에 온도도 가장 높았다. 그 곳이 바로 태양이 만들어질 자리이고, 바깥쪽에서는 다른 행성들이 만들어질 것이다.

가장 먼저 만들어진 천체는 원반 중심부에 있던 태양이었다. 태양이 만들어지기 전 원반에는 가벼운 원소들로 이루어진 가스들과, 무거운 원소들로 된 작은 돌멩이들이 떠돌아다녔다. 태양이 형성되고 난 직후에는 태양에서 처음 생성된 태양풍(태양에서 발생되는 대전 미립자의 흐름)에 의해 가벼운 가스들은 태양에서 멀리 밀려났다. 무거운 원소들은 관성이 크기 때문에 태양풍에 큰 영향을 받지 않아 태양에서 가까운 거리에 자리를 잡았다. 따라서 태양의 가까운 쪽에는 무거운 원소들이 먼 쪽에는 가벼운 가스들이 위치하게 되었다.

행성들은 태양 주위의 물질이 서로 달라붙어 생성되었으므로 태양의 가까운 쪽에서는 철, 니켈 등 무거운 원소로 구성된 수성, 금성, 지구, 화성이 만들어졌다. 태양계 외곽에서는 수소, 헬륨 같은 가벼운 원소로 이루어진 목성, 토성, 천왕성, 해왕성이 만들어졌다.

태양계의 중심, 태양에 대해

우리가 사용하는 거의 모든 에너지의 근원이 바로 태양이다. 가장 친숙한 에너지원인 석유, 석탄은 과거의 동물, 식물의 사체가 변해 생긴 것이다. 동물은 식물을 먹고, 식물은 햇빛을 이용해 살아간다. 결국 햇빛이 없었다면 동식물이 없었을 것이고 석유, 석탄 역시 존재하지 않았을 것이다. 수력, 풍력 에너지 역시 태양에 의한 해수, 대기, 수증기 순환에 의해 생겨난다. 태양의 영향을 받지 않는 에너지가 있다면 원자력 에너지 정도일 뿐이다. 태풍, 해류의 순환, 생물의 번성 등 지구에서 일어나는 모든 자연 현상은 태양의 영향을 크게 받는다. 이렇듯 우리에게 많은 도움을 주는 태양은 언제까지 우리를 도와줄까? 태양은 이제 겨우 일생의 반(50억 년)을 살았을 뿐이다. 따라서 앞으로 당분간은 태양에 대해 걱정하지 않아도 된다.

안전한 태양? 위험한 태양?

태양이 지금은 우리에게 많은 도움을 주고 있지만 언젠가는 태양이 변해서 인류의 생존을 위협하지 않을까?

먼저, 태양이 발산하는 에너지양의 변화를 생각해보자. 조금이라도 더 많은 에너지가 왔더라면 지구는 뜨거운 행성이 되어 어떠한 생명체도 살 수 없었을 것이다. 반면 조금이라도 에너지가 덜 들어왔다면 지구는 얼음 행성이 되었을 것이다. 지구가 태양에너지를 신기할 정도로 적절한 양만큼 받을 수 있는 위치에 존재한다는 '특별성'에 감사해야 할 것이다. 태양계에서 유일하게 지구에서 생물이 번성할 수 있었던 이유도 이러한 지구 위치의 특별성에서 기인했을 것이다.

그러나 항상 적절한 양만큼만 받지는 않는다. 지구상에서 몇 차례에 걸쳐 대멸종을 초래했던 빙하기는 태양에서 오는 에너지양의 변화가 그 원인이라는 이론이 유력하다. 실제로 지구의 운동 변화에 의해 태양에서 에너지를 적게 받았던 시기에 빙하기가 도래했다는 관측 결과는 이를 뒷받침한다.

물론, 빙하기는 태양 자체의 문제가 아니라 지구가 태양으로부터 멀어져 발생하였다. 전적으로 태양의 책임은 아니라는 것이다.

지구의 자전과 공전

지구가 언제나 일정하게 자전, 공전을 하는 것은 아니다.
① 지구 자전 축은 21.5도에서 24.5도 사이를 왕복한다. 현재의 기울기는 23.5도이다.
② 지구 자전 축은 팽이처럼 빙글빙글 도는데 이를 세차운동이라 부른다. 지구 자전 축이 반 바퀴 돌면 북반구와 남반구의 여름 겨울이 바뀐다.
③ 지구는 태양주위를 타원 궤도와 원 궤도 사이를 왕복하며 공전한다. 이들의 주기는 모두 몇 만년 이상이다. 이러한 현상들로 인해 태양에너지를 받는 정도가 달라지며 빙하기 등 장기적인 지구 기후에 영향을 미친다.

크기 말고도 주의해야 할 점

태양은 수많은 물질들과 파(波)를 매순간 우주로 날려 보낸다. 이를 통틀어 태양풍이라고 부른다. 태양은 에너지를 주는 고마운 존재이지만 꼭 고마운 점만 있는 것은 아니다. 세포를 파괴하는 자외선에서 해로운 고에너지 미립자들까지 태양풍은 지구에게 상당히 위협적이다. 우리를 태양풍으로부터 지켜주는 것은 지구의 자기장과 오존층이다. 만일 오존층이나 자기장이 사라지면 생물들은 자외선과 미립자파에 노출되어 암, 돌연변이, 혹은 다른 질병을 일으켜 살아남지 못할 것이다.

뿐만 아니라 태양에서 발생하는 플레어도 주의해야 한다. 플레어는 태양의 갑작스런 핵융합 반응에 의해 엄청난 양의 불꽃을 내뿜는 현상이다. 다행히 지구에서는 대기가 우주 광선들을 흡수해서 안전하게 살 수 있다(따라서 고도가 높은 지역에 사는 사람들은 대기가 얇아 아래쪽 사람들에 비해 더 많은 우주광선의 영향을 받는다. 물론 그 양도 안전한 정도이다). 만일 플레어가 나오는 시점에 우주인이 우주 유영을 하고 있다면 플레어에서 나오는 우주광선(cosmic ray. 고에너지의 하전입자 등으로 구성)으로 인해 심각한 신체 손상을 받을 것이다. 다행히 지금까지는 우주 유영을 하는 동안에 플레어가 발생하지 않았지만 앞으로도 태양이 관대하리라는 보장은 없다.

외계 생명체

화성에는 생명체가 살고 있을까?

예전부터 화성에는 지적 생명체가 있을 것이라 믿어졌다. 망원경을 통해 화성에서 인공 시설 비슷한 지형이 발견되자 그 믿음은 더욱 확고해졌다. 그러나 막연한 상상력에 의한 이런 믿음은 성능 좋은 카메라를 탑재한 탐사선이 화성 사진을 보내오자 무너지고 말았다. 화성은 그저 척박한 붉은 행성이었기 때문이다.

이에 대해 화성에 지적 생명체는 살고 있지 않지만, 박테리아와 같은 원시 생명체는 있을 수 있다는 주장이 제기되었다. 이와 같은 주장은 햇빛이 하나도 비치지 않는 곳, 엄청난 수압이 있는 심해 10km(지구상에서 제일 깊은 해구) 뜨거운 바다 속 화산 등 아무것도 살 수 없을 것 같은 지구의 환경에서도 생명체가 발견되었기 때문에 타당성이 있다. 지구의 화산에 비하면 화성의 붉은 토양은 훨씬 아늑할 것이다. 1984년 남극의 엘런 힐즈에서 발견된 운석 ALH(Allen Hills) 84001은 이 논쟁에 다시 불을 붙였다.

ALH 운석은 화성에서 온 것으로 약 40억 년 전에 형성되었으며 소행성 충돌로 화성에서 우주로 튀어 나와 13,000년 전에 지구에 떨어진 것으로 추정된다. 문제는 이 운석에서 발견된 박테리아 모양의 화석이었다. 이 박테리아 모양의 화석이 화성의 것이라면 과거 화성에는 생명이 살았다는 강력한 증거가 된다.

반대론자들은 자연적 요소로 인해 생긴 모양이 우연히 박테리아 화석과 비슷하게 보인다고 주장한다. 또한 이들은 화성에서 온 운석이 오랜 기간 남극에 있으면서 오염됐을 가능성을 제시했다. 그렇다면 그 박테리아 모양은 지구의 것이거나 지구상의 화학 반응에 의해 생성된 것일 수 있다. 더구나 그 화석 속의 박테리아 모양은 지구에서 가장 작은 박테리아보다 100분의 1가량 작았다. 이는 그 박테리아 모양의 화석이 생명체가 아닐 것이라는 주장을 뒷받침했다.

ALH 논쟁, 나아가 외계인 혹은 외계 생명체 논쟁은 확실한 증거가 나오지 않는 이상 앞으로도 계속될 것으로 보인다.

남극과 운석

남극은 운석을 발견하기 위한 최적의 장소이다. 운석은 주로 어두운 색이므로 하얀 남극 대륙의 표면 위에서는 운석을 쉽게 찾을 수 있다. 또한 남극은 지표와 수 km의 두께의 얼음으로 떨어져 있다. 남극에서 암석이 발견된다면, 그것이 수 km 빙하 밑에 있는 지구의 것일 가능성은 낮다. 그것은 우주에서 온 것일 가능성이 매우 높다.

화성탐사선들

지금까지 많은 탐사선들이 화성을 향해 발사되었다. 그 중 몇몇은 화성에서 직접 실험을 수행한 것도 있다. 대표적인 것이 바이킹 호이다. 바이킹 탐사선은 화성의 토양을 분석하여 화성의 토양에는 유기 생명체가 없다는 것을 밝혀내었다.

2005년에 화성에 도착한 쌍둥이 우주선 오퍼투니티(Opportunity)와 스피릿(Sprit) 호의 주된 목표 역시 생명체 탐사였다. 하지만 직접적으로 생명체를 찾지는 않고 물을 찾는 간접적 방법을 이용했다. 물은 생명체가 살아가는데 필요한 가장 기본적인 물질이기 때문이다. 물은 비열이 크기 때문에 생물체의 항상성(constancy) 유지에 도움을 주고, 생명활동에 필요한 여러 물질들을 녹일 수 있다. 더구나 물은 생명체의 물질 순환과 노폐물 배출에 필수적이다. 또한 우리가 알고 있는 생명체, 즉 지구 위의 생명체의 대부분이 물을 필요로 하기 때문에 외계 생명체 역시 물을 필요로 할 가능성이 높다고 볼 수 있다. 따라서 물이 있다면 그 곳에 생명체가 있을 수 있다는 (혹은 예전에 있었다는) 강력한 증거일 것이다. 하지만 오퍼투니티와 스피릿 호는 물을 찾는 데 실패했다.

특별한 증거

미국의 천문학자 칼 세이건(Karl Sagon)은 '특별한 것을 주장하려면 특별한 증거가 있어야 한다.'고 말했다. 외계 생명체의 존재를 주장하려면 그 만큼 특별한 증거가 필요할 것이다.

화성은 워낙 기압이 낮기 때문에 물은 고체 아니면 기체 상태로만 존재한다. 기체 상태의 물, 즉 수증기는 화성의 대기에 퍼져있으며 고체 상태의 물, 얼음은 화성의 극관(남극과 북극)에 자리 잡고 있다. 생명체에게 필요한 것은 액체 상태의 물이다.

지금은 화성에 액체 상태의 물이 없지만 과거에는 있었던 것으로 보인다. 지하에 있던 물이 지상으로 올라와 만들어진 커다란 구덩이, 물이 흘러 생긴 강과 호수의 자국은 분명 화성에 상당한 양의 물이 흘렀음을 말해준다. 크레이터의 부식으로 물이 흘렀던 시기를 추측해본 결과 지질학적으로 비교적 최근인 70만 년 전에 물이 흘렀다고 한다. 하지만 지금의 화성은 물 한 방울 없는 척박한 곳이다.

그 많던 물은 다 어디로 갔을까?

화성의 표면을 흐르던 그 많은 물은 다 어디로 갔을까? 이는 아직도 수수께끼이다. 가장 유력한 설은 물이 모두 지하로 스며들었다는 주장이다. 물이 지하로 스며들었다면 생명체는 지하 깊숙한 곳에 물과 함께 살고 있을지도 모른다. 물론 그 생명체는 세균, 박테리아와 같은 단순한 형태일 것이다. 인류는 화성의 생명체를 찾기 위해 지하 깊숙한 곳까지 탐사할 수 있는 여러 탐사선을 쏘아 올릴 것이다. 화성의 지하에서 물과 함께 생명체가 발견된다면 인류에게 커다란 충격이 될 것이다.

외계에도 지적 생명체가?

우주에 지구 외에도 지적 생명체가 살고 있을까? 과거에는 태양계 모든 행성에 지적 생명체가 살고 있다고 생각했지만 탐사선의 개발로 모두 아니라는 사실이 드러났다. 이제 우리의 눈은 은하계로 향하기 시작했다. 우리 은하를 포함하여 외부 은하의 어느 곳에는 지적 사고를 할 수 있는 외계인이 살고 있지 않을까 하는 희망 때문이다.

외계인, 특히 지적 외계인을 찾기 위한 노력의 선두주자는 SETI(Search for Extraterrestrial Intelligence) 프로젝트이다. SETI는 외계에서 날아오는 전파를 분석해 그 안에 외계인이 보낸 메시지가 있는지 알아보고 있다. 2006년 초반까지 개인 컴퓨터에서도 이 데이터를 분석할 수 있는 화면 보호기를 다운 받을 수 있어서 전 인류가 협력하는 프로젝트라는 별칭도 얻게 되었지만 아직까지 외계인 존재 여부에 대한 별다른 성과는 없다.

외계인이 있기는 한 걸까?

미국 대통령은 외계인의 존재를 안다는 이야기도 있지만 아직 외계인이 있다는 확실한 증거는 없다. 반대론자들은 외계인을 찾는데 돈을 낭비하지 말자고 주장한다. 우선 가난한 사람부터 먹여 살린 다음에 외계인을 찾자는 것이다.

외계인이 있다고 생각하는 사람들의 근거는 여러 가지가 있다. 먼저 지구와 비슷한 행성이 우주 어딘가에는 존재할 것이라는 점이다. 우리 우주는 무한에 가까울 만큼 넓고, 별이 생성될 때 그 별의 주위에 행성이 만들어지므로 지구와 유사한 환경을 가진 행성이 있을 수 있을 것이다.

전 우주를 통틀어 생명체가 우리 밖에 없다는 것은 공간의 낭비라는 주장도 있다. 이는 칼 세이건의 소설 콘텍트(Contact)에도 나오는 대목이지만, 자연이 항상 우리가 합리적이라고 생각하는 방향으로 움직여 줄지는 의문이다.

확률론을 제시하는 주장도 있다. '운동장에 수많은 콜라병이 있다. 모두 불투명 유리로 되어 있어 그 안에 콜라가 있는지 알 수 없다. 하나를 골라 속을 확인했더니, 그 안에 콜라가 들어있었다. 그렇다면 나머지 콜라병에는 내용물이 들어있을까?' 물론 다른 병에도 콜라가 있을 가능성이 높다.

그러나 이 주장은 다음과 같이 범위가 좁혀져야 한다. '수많은 불투명 콜라병이 있다. 그 중 하나에는 콜라가 들어있다는 것을 안다(생명체가 있는 지구). 그 콜라병 주위의 콜라 뚜껑 여러 개를 열어보니 콜라가 들어있지 않았다. 그렇다면 나머지 병 중에 콜라가 있는 것은 얼마나 될까?' 글쎄, 이런 상황이라면 우리는 낙관할 수도 비관할 수도 없다. 다만 실제 관측에 맡겨야 한다.

그 외의 생명체 탐색

목성의 위성 유로파에도 액체 상태의 물이 존재하는 것으로 밝혀졌다. 유로파의 표면은 얼음으로 덮여 있는데 그 아래에는 액체 상태의 물이 다량으로 있다고 한다. 따라서 그 안에는 생명체가 존재할 가능성이 높다. NASA(미국항공우주국)에서는 탐사선을 충돌시켜 얼음 아래를 조사하려는 계획도 세웠지만, 생명체를 파괴할 수 있다는 우려에서 실행에 옮기지는 않았다.

우주에는 수많은 별들이 있고 대부분은 행성을 동반한다. 수많은 행성을 조사하다보면 지구와 흡사한 행성을 찾아낼 법도 하다. 문제는 행성을 찾기가 힘들다는 점이다. 행성은 별빛을 반사하기 때문에 그리 밝지 않고, 별 가까이 있어서 강한 별빛 때문에 망원경으로 볼 수도 없다. 별의 비틀림(행성이 공전할 때, 중력을 받아 별이 조금씩 움직이는 현상)에 의한 청, 적색 편이를 관찰하는 방법도 있겠지만 행성의 질량은 항성에 비해 너무나도 작기 때문에 먼 곳의 별은 이마저도 힘들다. 탐사선을 보내기에도 너무 멀다.

그렇다면 생명체를 찾아볼 곳은 태양계 내부이지만 이것 역시 그리 쉽지는 않다. 우선 단백질을 합성하는 데 필요한 물을 찾아야 하고(물론 이는 단백질로 이루어진 인간의 관점에서 본 것이지만) 적절한 기압과 온도 그리고 대기 성분을 갖추었는지 모두 조사하여야 한다. 가까운 행성도 자세한 조사가 어려운데, 탐사선이 접근하지 못할 만큼 멀리 있는 행성의 성질을 알아내는 것은 정말 힘든 일이다. 뿐만 아니라 스펙트럼 분석, 별과의 거리 조사 등을 통하여 행성이 생명이 살기에 적합하다고 판단을 하더라도 그 곳에 진짜로 생명체가 사는지는 미지수다.

지구와 달

지구와 달에서 일어나는 신기한 현상들

질량 중심이란 무엇일까? 뉴턴의 법칙은 질량이 뭉쳐 있다고 생각한 점에 관한 역학이다. 그러나 실생활에서 점으로 되어 있는 물체는 없다. 모든 물체의 질량은 공간 내에 퍼져 있다. 하지만 놀라운 점은 물체의 운동은 마치 한 점이 움직이는 것처럼 생각할 수 있다는 것이다. 그 점을 물체의 질량 중심(center of mass)이라고 부른다. 도끼가 날아갈 때에도 질량 중심을 축으로 회전한다. 공을 던지면 각 점은 포물선을 그리지 않지만, 질량 중심은 정확한 포물선을 그린다. 질량 중심은 물체의 중심 부근에 위치한다.

공전의 중심

달이 지구 주위를 돌 때 지구는 가만히 있을까? 그렇지 않다. 지구도 달의 영향을 받아 아주 작은 범위에서 돈다. 즉, 지구와 달은 '서로' 공전한다고 볼 수 있다.

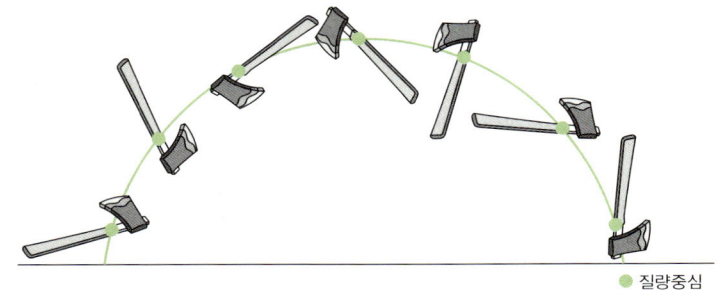

● 질량중심

다른 점들은 복잡한 운동을 하지만 도끼의 질량 중심은 하나의 점처럼 포물선 운동한다.

달의 질량은 매우 작고, 지구의 질량은 매우 크기 때문에 달이 회전하는 범위는 크고 지구의 회전 범위는 작다. 이때 서로 회전하는 운동의 중심이 바로 달과 지구의 질량 중심이다. 달-지구의 질량 중심은 지구 반지름의 3/4되는 지점에 위치한다. 달이 1번 공전하면 지구도 그 점을 중심으로 1번 공전한다(따라서 지구는 그냥 비틀거리기만 한다).

다른 천체에도 이 같은 현상이 발견된다. 태양도 조금씩 흔들리는데, 이는 대부분 목성의 공전에 의한 것이다.

실제 생활에서도 공전의 중심을 볼 수 있다. 숟가락, 리모컨, 핸드폰 등을 회전하면서 날아가게 해보자. 물체의 어느 점을 잡고 던지건, 한 점을 중심으로 회전한다는 것을 볼 수 있다. 국자의 경우, 머리 부분을 중심으로 돌 것이다. 머리를 잡고 던지던, 손잡이를 잡고 던지던 상관없다. 따라서 머리를 지구에, 손잡이 끝을 달에 비유할 수 있다.

달이 아무리 작더라도 지구에 이 정도는 영향을 미치고 있다. 작은 존재라도 얕보지 말자.

멀어지는 달, 느려지는 지구

대부분의 사람들이 조석간만(밀물, 썰물) 차이가 일어나는 원인을 알고 있을 것이다. 태양과 달의 인력이 바다에 작용하여 물이 끌리기 때문이다. 이러한 조석 현상은 달의 움직임에 영향을 미치지 않았을까? 그 현상에 대해 알아보자.

지구의 자전(1바퀴에 1일)은 달의 공전(1바퀴에 한 달)에 비해 빠르다. 그러므로 부풀어 오른 바닷물은 지구 자전으로 인해 달의 앞쪽으로 이동한다. 부풀어 오른 바닷물은 달에 인력을 작용한다.

인력이 작용하는 방향은 달의 공전 방향과 같은 방향이다. 그러므로 달의 공전 속도는 힘을 받아 더 빨라진다. 그러나 이 인력의 방향은 지구의 자전과는 반대 방향이다. 그러므로 지구의 자전은 점점 느려지게 된다. 마치 지구의 바닷물이 자신의 운동을 희생해서 달을 가속시키는 것과 같다.

그렇다면 지구 자전은 옛날에는 훨씬 빨랐을 것이다. 실제로 약 4억 년 전에는 지구의 1년이 약 400일 정도였으며 하루는 약 22시간이었다. 이는 과거의 산호 화석을 조사해보면 알 수 있다. 시간이 지날수록 지구의 자전이 느려지므로 어느 정도 시간이 지나면 달력도 새로 고쳐야 할 것이다.

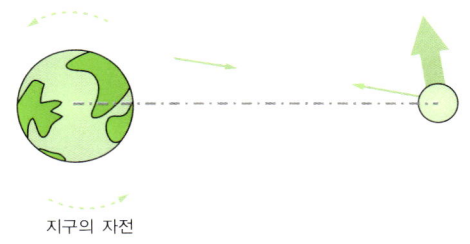

부풀어 오른 바닷물이 지구 자전에 의해 달의 앞쪽으로 이동하면 달과의 인력으로 달의 속도가 빨라지고 지구의 자전이 느려진다.

지구의 자전

달의 공전 속도가 빨라지면 강한 원심력으로 인해(원심력의 크기는 회전 속도에 비례) 달은 지구에서 점점 멀어진다. 그렇다면 옛날의 달은 지금에 비해 더 가까이 있었을 것이다. 더 가까이 있었으므로 지구에서 보이는 크기도 더 컸을 것이다. 달이 멀어지면 크기가 더 작아지므로 앞으로는 오랜 세월 후에는 개기 일식도 보기 힘들어질 것이다. 하지만 그렇게 걱정할 필요는 없다. 이 과정은 매우 천천히 진행되기 때문이다.

같은 원리이지만 반대의 결과

지구에서 달이 멀어지는 것과 같은 원리이지만 이번에는 반대의 결과를 소개하겠다. 화성의 위성 포보스와 화성 사이의 관계이다. 포보스는 화성 주위를 공전하면서 화성의 대기를 부풀어 오르게 한다.

포보스는 공전 속도가 매우 빠르다. 화성의 대기가 부풀어 있으면 포보스는 그 앞쪽으로 이동해 버린다. 그러면 부풀어 오른 대기는 포보스를 잡아당기고 포보스의 공전 속도는 점점 느려진다. 공전 속도가 느려지면 원심력이 작아져 화성에 더 가까이 다가간다. 결국 오랜 시간이 지나면 포보스도 화성에 부딪힐 것이다.

1994년에 슈메이커 ─ 레비 혜성이 목성에 부딪혔을 때 모든 천문대가 그 곳을 향했듯이 포보스가 화성에 부딪힐 때도 모든 천문학자들은 긴장할 것이다. 그러나 지금부터 긴장하지는 마라. 우리 대(generation)에서는 절대 포보스가 부딪히지 않을 테니.

지구의 자전에너지를 조력발전에 이용

청정에너지 중에 조력에너지가 있다. 밀물 때 댐 속에 바닷물을 가두고 썰물이 되면 댐 안의 물을 내보내 전기를 얻는 발전방식이다. 그러나 이 발전 방식이 확산되면 지구의 자전은 점점 느려진다. 즉 하루가 길어지는 현상이 일어난다. 조력 발전의 근본적 원동력은 지구의 자전 에너지이기 때문이다.

바닷물은 자유롭게 움직인다. 따라서 달에 의해 부풀어 오른 바닷물이 달의 앞쪽으로 이동해도 어느 정도의 바닷물은 다시 달과 가까운 쪽으로 돌아온다. 만약 댐 안에 바닷물을 가두면 이러한 이동이 일어나지 못해 바닷물은 달과 더 강한 인력을 작용한다. 이로 인해 지구 자전이 느려지고 달의 운동은 빨라진다.

달의 1공전 시 1자전으로 인한 현상

지구의 자전주기는 1일이지만 공전주기는 365일이다. 즉 지구는 1회 공전하는 동안 365번 자전하는 것이다. 그러나 달은 공전주기와 자전주기가 27.5일로 같다. 이렇듯 달이 1공전 시 1자전하기 때문에 달은 언제나 지구를 향해 같은 면을 보여준다.

지구에서 보름달을 바라보면 뭔가 얼룩덜룩한 어두운 지역을 볼 수 있다. 옛날 사람들은 이것을 달의 바다라고 생각했다. 그러나 실제로는 바다

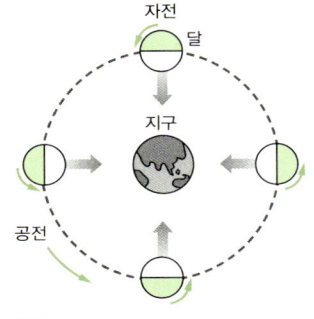

지구가 90도 공전하는 동안 달은 90도 자전하여 지구에서 항상 같은 면만 보인다.

가 아니라 용암 분출물이 굳어서 생긴 암석들이다.

요즘은 탐사기구의 발달로 달의 뒷면을 볼 수 있다. 하지만 달의 뒷면 사진에는 앞면에서 보였던 얼룩덜룩한 무늬가 별로 보이지 않는다. 이게 어찌된 일일까?

현상의 원인은 달이 항상 한쪽 면만 지구를 바라본다는 데 있다. 지구와 가까운 지역의 중력이 반대편보다 약하므로 화산 폭발이 더 많이 일어난 것이다.

달에 관한 잘못된 상식

만화나 애니메이션에 보면 달의 모양이 왼쪽과 같이 나와 있는 것을 볼 수 있다. 그러나 이는 명백히 잘못된 그림이다. 실제 밝은 면과 어두운 면의 경계는 달의 경도선을 따라 생겨난다. 따라서 올바른 달의 모습은 오른쪽과 같은 것이다.

애니메이션 달

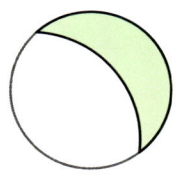

실제 달

애니메이션에서는 분위기를 내기 위해 흔히 왼쪽과 같은 모양의 달이 나온다. 그러나 이는 실제로는 나타나지 않는 모습이다. 실제 달은 오른쪽과 같이 밝은 면의 경계선이 달의 경도선과 나란하다.

4 physics

별과 우주와 블랙홀

별의 일생

별도 사람과 같이 일생이 있다. 태어나는 과정은 서로 비슷하지만, 종말은 별들에 따라 다르다. 별이 어떻게 태어나고 청춘을 보내며 수명을 다하는지 알아보자.

별의 탄생

별의 고향은 성운이다. 성운이란 우주공간에 먼지, 가스 등이 모여 있는 일종의 우주 안개이다. 성운은 때때로 별빛을 가리기도 하는데, 그렇게 되면 그 성운은 검게 보이기도 한다. 한편 주위의 별빛을 반사하는 성운, 스스로 빛을 내는 성운도 있다. 장미 성운은 대표적인 반사성운으로 장미꽃처럼 생긴 붉은 성운이다.

성운은 외부의 힘 혹은 자체 중력에 의해서 수축하게 된다. 수축 과정에

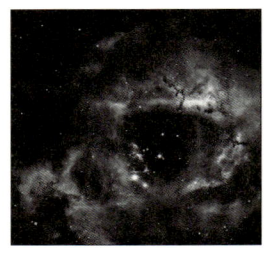

장미 성운
http://imagebingo.naver.com/
album/image_view.htm?uid=
solvesky&bno=30925&nid=
7116

서 물체 사이의 거리가 가까워짐에 따라 중력이 증가해 더 빠르게 수축한다. 성운 입자들은 이때 심한 회전을 한다. 이는 고요한 물이 있는 욕조의 하수구를 열면 회오리가 생기는 것과 같은 원리이다. 그렇게 해서 생긴 가스 원반은 매우 빠른 속도로 회전하면서 열을 내뿜게 된다. 원반 물질이 만들어낸 에너지는 원시별을 점화 온도까지 올려준다. 점화 온도까지 올라간 별에서는 핵융합에 의해 빛과 열이 발생하며 하나의 별이 탄생하게 된다.

 천문학 이슈 – 명왕성, 넌 누구니?

태양계의 행성들은 구성 물질에 따라 지구형과 목성형, 두 가지로 나뉜다. 그러나 명왕성의 물질 구성은 지구형과 목성형, 어느 행성과도 비슷하지 않다.

또한 명왕성은 궤도가 일정하지 않아 가끔 천왕성 궤도 안으로 들어가기도 한다. 게다가 다른 행성의 공전 궤도면은 거의 비슷한데 비해 명왕성만이 혼자 기울어진 공전 궤도면을 갖는다.

과학자들은 명왕성이 다른 행성들과 같이 태양계 응축 원반에서 생성된 것이 아니라 카이퍼 벨트(태양계 밖을 도는 물질들의 띠, 아직 정확히 확인되지는 않았다)에서 흘러 들어온 것으로 보고 있다. 이런 점들이 2006년 IAU(국제천문학회)의 명왕성에 대한 행성 지위 상실 결정에 영향을 주었을 것이다.

별의 청춘

탄생 이후의 별은 계속 핵융합을 일으키며 에너지를 소비한다. 질량이 큰 별은 연료를 많이 가지고 있어도 수명은 작은 별이 더 길다. 대략적으로 별의 수명은 질량의 제곱에 반비례한다. 예를 들어 부피가 2배 더 크면 에너지 소비가 8배 정도 더 많기 때문에 4배 정도 더 빨리 수명을 다하게 되는 것이다.

별이 일정한 부피를 유지할 수 있는 것은 별이 자동적으로 자신의 온도를 조절할 수 있기 때문이다. 온도가 높아진 별은 그 에너지로 인해 부풀어 오른다. 부피가 커지면 그만큼 온도는 떨어진다. 같은 에너지가 더 넓은 공간에 퍼지기 때문이다. 따라서 팽창력은 줄어들고 어느 정도 부피가 커진 후에는 별의 힘과 중력이 평형을 이뤄 팽창이 멈춘다.

온도가 떨어지면 팽창력이 줄어들어 중력에 의한 수축을 시작한다. 별이 수축하면 온도가 높아져 팽창력이 증가해 계속적인 수축을 막고 어느 정도 선에서 힘의 평형을 이룬다.

이를 항성의 '자동 온도 조절 장치'라고 부른다.

별과 빛

높은 에너지를 내뿜는 별들은 푸른빛을 띤다. 반면 낮은 에너지의 별들은 붉은 색을 내뿜는다. 푸른색의 진동수가 빨간색에 비해 높기 때문이다. 그러나 모든 별이 눈에 보이는 빛을 내보내지는 않는다. 우리가 볼 수 있는 빛은 파장이 400나노미터에서 600나노미터 사이로 이 영역 안에 있는 빛을 가시광선이라 부른다. 어떤 별들은 적외선, 자외선 등 눈에 보이지 않는 빛을 방출하기도 한다.

가시광선보다 진동수가 낮거나 높은 별들은 우리 눈에 보이지 않기 때문에 다른 관측기계들을 사용해야 한다. 우리가 리모컨의 버튼을 누른 채 리모컨의 앞부분을 디지털 카메라의 화면을 통해 관찰하면 리모컨에서 불빛이 반짝거리는 것을 볼 수 있다. 그 광선은 우리가 보지 못하는 적외선이다. 이처럼 우리가 특별한 망원경으로 우주의 X-선을 관측하거나, 전파 관측을 하면 우리가 지금 보는 것과 다른 밤하늘을 볼 수 있다.

별의 종말

별의 종말은 질량에 의해 결정된다. 이 때 사용되는 단위는 태양의 질량을 나타내는 M이다. 별의 질량이 1.5M이라는 것은 그 별의 질량이 태양의 1.5배라는 뜻이다. 질량에 따른 별의 종말에 대해 알아보자.

질량 1.4M 이하 – 백색 왜성

150억 년 정도의 우주의 역사에서 아직 1.4M 이하의 가벼운 별들이 종말을 맞이하는 경우는 없었다. 가벼운 별들은 오래 살기 때문이다. 그러나 여러 가지 관측과 계산을 통해 어떠하리라는 예측은 가능하다.

1.4M 이하 가벼운 별들은 질량이 작아 그만큼 중심부의 온도가 낮으므로 수소 핵융합이 다 끝나도 헬륨 핵융합을 할 수 있을 정도의 온도에 도달하지 못한다. 그러므로 수소 핵융합을 다 마친 별은 수소 핵융합의 결과인 헬륨이 대부분을 차지하고 있다. 그동안 수소 핵융합을 통해 얻은 열은 계속 남아있어 어느 정도의 빛은 낼 수 있다. 이때 별은 백색을 띠고 매우 작기 때문에 백색 왜성(白色矮星, 하얀 난쟁이 별, white dwarf)이라 불린다. 그 후에는 아무런 빛도 내지 않는 죽은 별이 된다.

질량 3~8M ⇒ 폭발과 함께 사라지다

질량이 3~8M인 별들은 수소 핵융합이 끝난 후에도 헬륨 핵융합을 거쳐 탄소 핵융합을 일으킨다. 이런 과정을 거치면서 발생한 엄청난 양의 에너지는 결국 별을 폭발시키고 만다. 만약 별의 질량이 어느 정도 이상이라면 자체 중력으로 인해 별의 형태를 유지할 수는 있겠지만 아쉽게도 3~8M의 질량은 그만큼 큰 질량이 되지 못한다.

이러한 별의 폭발을 초신성이라 부른다. 초신성은 엄청나게 새로운 별이라는 뜻이지만 사실 초신성은 곧 죽는 별이다. 하늘에 갑자기 밝은 별이 나타나자 새로운 별이 생긴 줄 알았던 과거 사람들이 이런 이름을 붙인 것이다.

질량이 3~8M인 별들은 종말시(후에 중성자 별이 되는 경우도 포함) 초신성 폭발을 일으킨다. 초신성은 대단히 밝기 때문에 과거 사람들은 새로운 별이 나타난 줄 알고 초신성이라 이름 붙였다. 왼쪽의 사진은 게성운으로 1054년에 일어난 초신성 폭발에 의해 만들어졌다.
http://en.wikipedia.org/wiki/Image:Crab_Nebula.jpg

초신성은 그 밝기가 매우 밝으며 며칠에서 몇 년까지 빛을 내다가 사라진다. 초신성은 현재 우주에서 가장 높은 온도를 내는 물체로 생각되며 워낙 밝아 일부 초신성은 낮에도 관측이 가능하다. 우리가 관측할 수 있는 거리 내에서 마지막으로 초신성이 폭발한 것은 1987년 2월 대 마젤란 성운에서 일어난 폭발(내가 태어나기 전 일이다)로, 남반구에서는 육안으로 볼 수 있을 정도로 밝았다고 한다.

참고로 초신성(supernova)은 신성(nova)과는 구분된다. 초신성은 밝은 빛을 내고 곧 종말하는 천체인 반면, 신성은 두 개의 별로 구성된 쌍성계이다. 비슷한 별이 두 개 있으면 이들은 서로가 서로를 공전하게 되는데 이를 쌍성이라 부른다. 쌍성은 서로 물질들을 주고받으며 폭발을 반복한다. 하나의 별이 커지면 폭발해서 다른 별이 커지고, 커진 별은 다시 폭발을 일으키는 현상이 계속 반복되며 밝은 빛을 내는 것이다. 이러한 천체를 신성이라 부른다.

초신성에 대한 흥미로운 사실

'별들은 우리 마음의 고향'이라는 말이 있다. 아마 넓은 밤하늘에 초롱 초롱한 별들이 우리의 상상력을 자극하고 마음을 편안하게 해주기 때문에 생긴 말일 것이다. 그러나 실제로도 별들은 우리 '신체'의 고향이다. 그 이유에 대해 알아보자.

우리 몸을 이루고 있는 칼슘, 인, 황 등의 성분은 모두 원자량이 큰 물질들이다. 이런 물질들은 어디서 생성되었을까?

우주 초기에는 헬륨과 수소만 만들어졌기 때문에 그때 생성된 것은 아니다. 별이 핵융합을 일으킬 때에도 헬륨, 산소, 질소, 철 등의 원소들밖에 생성하지 못했으므로 그때도 아니다(별의 핵융합 과정은 철보다 무거운 원소를 만들어내지 못한다).

이들의 기원은 초신성이다. 초신성 폭발의 엄청난 온도에서는 철, 헬륨, 탄소의 원자핵들이 서로 합쳐져서 무거운 원소들을 많이 만들어 낼 수 있다. 초신성 폭발로 인해 생긴 먼지들은 우주 공간을 날아다니다 태양계를 구성하였고, 그때 지구에 떨어진 원자들은 지금 우리의 몸을 구성하고 있는 성분이 되었다.

그러므로 칼슘처럼 우리 몸을 구성하고 있는 무거운 원소들은 먼 과거에 뜨거운 초신성 폭발 현장에 있었던 물질들이다.

생명을 만든 기원 초신성

초신성이 우리에게 준 유익한 바는 이 뿐만이 아니다. 아직 검증되지는 않았지만 몇몇 과학자들은 초신성으로 생긴 우주선이 우리 지구에서 단백질 합성을 일으켜 단순한 생명체들을 만들었다고 주장한다.

태양계도 초신성에 의해 만들어진 것으로 생각된다. 태양계가 만들어지기 전의 먼지 덩어리에 초신성의 충격파가 물질들을 한 데 모이게 하는 도화선 역할을 했다는 것이다.

이처럼 초신성은 우리의 몸을 구성할 뿐만 아니라 생명을 탄생시켰으며 태양계를 만들었을 지도 모르는 아주 소중한 존재이다.

질량 8~30M – 중성자 별

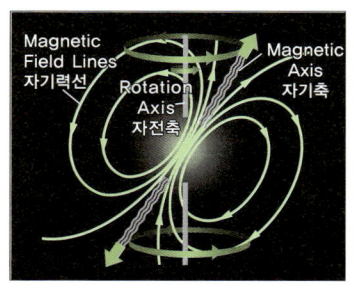

중성자 별은 빠른 속력으로 자전하며 이로 인해 지구는 규칙적으로 전파를 받게 된다. 규칙적인 전파는 중성자 별의 자기장 축과 자전 축이 일치하지 않기 때문에 발생하는 현상이다.

태양 질량의 8~30배 되는 별들은 높은 온도로 인해 철까지 핵융합을 할 수 있다. 그러나 거기가 끝이 아니다. 별의 온도가 엄청나게 높아지면 철을 헬륨과 중성자로 분해시켜 버린다.

이 분해 과정은 주위의 열을 흡수하는 흡열 반응이다. 그러므로 갑자기 온도가 떨어진 별은 빠른 속도로 수축하기 시작한다. 그러나 빠르게 다가오는 입자들이 너무 가까워지면 서로를 밀어낸다. 마치 두 사람이 빠른 속도로 달려오다 부딪혀서 튕겨져 나가는 것과 비슷한 원리이다. 입자들 간의 척력은 별의 초신성 폭발을 야기한다. 그러나 3~8M의 별들과는 달리 무거운 별의 초신성 폭발은 모든 것을 날려버리지는 않는다. 초신성 폭발 후에는 양성자와 전자가 결합한 중성자로 이루어진 중성자 핵이 남게 된다. 이것이 중성자 별이다. 중성자 별의 밀도는 상상을 초월할 정도로 높다.

외계인이 보내는 신호?

중성자 별이 처음 포착된 것은 1967년 영국 캠브리지 대학에서였다. 전파를 연구하던 대학원생 죠슬린 벨(J. B. Burnell, 1943~)은 어느 날 우주에서 날아오는 파동 중에서 주기가 1.33초로 매우 규칙적인 전파를 발견했다. 이 사실이 알려지자 학계에서는 여러 가지 설이 떠돌았다. 외계인이 보내는 신호에서부터 빠르게 공전하는 쌍성, 빠르게 자전하는 천체라는

펄서(pulsar)

중성자 별 중 전파를 내보내는 것을 '펄서(pulsar)'라고 부른다. 하지만 모든 중성자 별이 펄서는 아니다. 중성자 별이 전파를 내보내기 위해서는 자전 속도가 매우 빨라야 하며, 자기장 축이 지구의 방향을 향하고 있어야 한다. 중성자 별은 시간이 갈수록 자전 속도가 느려지므로 관측되었던 펄서의 세기가 약해지거나 사라질 수도 있다. 따라서 펄서는 우주 공간에 흩어져 있는 중성자 별의 일부에 지나지 않는다.

설들이었다.

이와 비슷한 다른 전파들이 발견되면서 그 발생원이 중성자 별임이 밝혀졌다. 이론으로만 예견되던 중성자 별을 전파의 원인으로 생각하자 모든 것이 잘 들어맞았던 것이다.

과학자들이 밝혀낸 전파의 원인은 다음과 같다. 중성자 별 역시 지구 및 다른 천체와 마찬가지로 자극(磁極)을 가지고 있다. 하지만 이 자극의 축은 중성자 별의 자전 축과 일치하지 않는다. 중성자 별이 자전하면 자극 축도 회전한다. 자극축이 돌면서 전자기장이 지구에 도달하고 멀어지는 과정이 반복되며 일정한 주기의 전파를 보내는 것이다. 하지만 시간이 지나면 중성자 별의 자전속도는 느려지고 그만큼 자극의 세기도 약해진다.

중성자 별은 별다른 빛을 내뿜지 않으므로 지구에 전파를 보내지 않는 중성자 별은 관측하기가 매우 어렵다.

아인슈타인 이론의 검증

아인슈타인의 상대성 이론은 다시 한 번 검사대를 통과했다. 아인슈타인에 따르면 공간상을 움직이는 모든 물체는 중력파라는 아주 약한 파를 내보내 점차 운동에너지를 잃는다. 아인슈타인 이론의 옳다면 이 중력파가 언젠가는 검출되어야 한다. 물론 중력파는 매우 미약한 파동이라 검출하기 쉽지 않다.

그러나 과학자들은 중성자 별을 통해 중력파의 존재를 간접적으로 확인

하였다.

중력파의 방출은 빠르게 자전하는 중성자 별에게도 예외가 아니다. 과학자들은 정밀한 관측기기를 통해 중성자 별의 자전 주기가 매년 조금씩 늦어지고 있다는 것을 발견했다. 이 늦어지는 정도는 아인슈타인의 이론과 거의 정확히 일치하였으므로 아인슈타인이 예견한 중력파의 존재를 간접적으로 보여주었다.

30M 이상인 별들의 종말 − 블랙홀

신비한 현상은 바로 30M 이상의 별들의 종말에서 볼 수 있다. 30M 이상의 큰 질량을 가진 별들은 핵융합 과정이 끝나면 온도가 하강하여 급속도로 수축한다.

이 수축과정에서 별은 자신의 중력을 이기지 못해 한 점으로 수축된다. 이것이 바로 블랙홀이다. 블랙홀의 중력은 너무나도 세기 때문에 주위의 빛조차도 빠져나갈 수 없다. 수축된 한 점에서 일정 거리까지는 빛조차 빠져나오지 않아 검은색을 띠고 주위의 물질들을 엄청난 중력으로 빨아들여 블랙홀(black hole, 검은 구멍)이라는 이름이 붙었다.

블랙홀이란

지구에서는 초속 11km보다 빠르게 물체를 던져 올리면 지구를 빠져나가 영원히 우주로 날아간다. 지구보다 가벼운 달에서 빠져나가는 속력은 지구에서보다 작고, 태양에서는 더 크다. 우리는 이 속력을 '탈출 속력'이라 부른다. 탈출 속력은 중력이 클수록 커지는데, 그만큼 중력을 이길 빠른 속력이 필요하기 때문이다. 만약 어떤 천체에서의 탈출 속력이 빛의 속력을 넘어가면 그 천체에서는 아무런 물체도 빠져 나올 수 없다. 모든 물체의 최고 속력이 빛의 속력이기 때문이다.

우리가 블랙홀이라 부르는 것은 특이점의 중력이 너무 강해 빛조차 빠져나오지 못해 검게 보이는 구를 뜻한다.

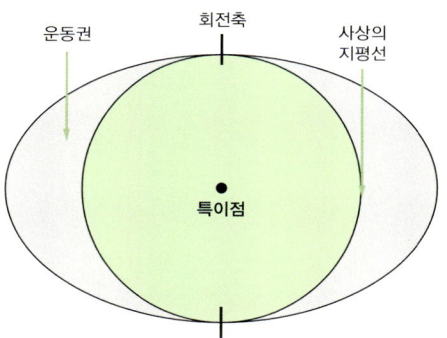

블랙홀의 가운데에는 부피가 0인 특이점이 있다. 블랙홀의 표면은 사상의 지평선으로 되어 있다. 사상의 지평선으로 한번 들어간 물체는 빠져나올 수 없다. 심지어 빛조차 빠져나오지 못해 블랙홀은 검게 보인다.
회전하는 블랙홀은 운동권을 가지고 있는데 이 공간 안에서는 모든 물체가 블랙홀 주위를 회전한다. 회전하는 블랙홀은 특이점이 고리 모양으로 되어 있다.

그렇다면 특이점은 무엇인가? 특이점은 부피 없이 질량만 존재하기 때문에 밀도가 무한대인 점을 말한다. 특이점에서는 아무런 물리 법칙도 적용되지 않는다. 특이점은 엄청난 중력으로 주위의 모든 빛, 물질을 빨아들인다.

그렇다면 검은 부분의 바로 바깥쪽과 안쪽, 즉 탈출 속도가 빛의 속도가 되는 지점이 검게 보이는 쪽과 그렇지 않은 쪽의 경계점이다. 이 경계를 '사상의 지평선'이라 부른다. 이 지평선 안에 들어가면 아무것도 빠져나올 수 없다.

블랙홀 만들기

여러분은 어떠한 물체로도 블랙홀을 만들 수 있다는 사실을 알게 되면 놀랄지도 모른다. 당신이 읽고 있는 이 책 역시 충분히 작게 압축만 된다면 블랙홀이 될 수 있다. 블랙홀이 무거울 필요는 없다. 질량이 작더라도 반지름이 충분히 작으면(밀도가 충분히 크면) 어느 물체든지 블랙홀이 될 수 있다.

태양의 경우 지름 약 11km인 천체, 지구의 경우 탁구공 크기로 압축시

블랙홀의 조건

블랙홀이 되기 위해서는 천체에서의 탈출 속력이 빛의 속도보다 빨라야 한다.

$$\Rightarrow \sqrt{\frac{2GM}{R}} > c$$

G는 중력상수, M은 천체의 질량, R은 반지름, c는 빛의 속도

키면 블랙홀이 되는 것이 가능하다. 문제는 어떻게 물체를 그렇게 작게 만드느냐는 것이다. 따라서 블랙홀은 질량이 매우 큰 별이 자체 붕괴할 때나 우주 태초의 고온, 고밀도 상태에서나 만들어질 수 있다.

블랙홀을 만들기 위해 크기를 꼭 압축시킬 필요도 없다. 물질이 매우 많아도 된다. 지름이 우리 태양계 정도 되는 물 덩어리가 있다면 중력이 강해져서 블랙홀이 될 수 있다.

즉 블랙홀이 되기 위한 조건은 질량, 부피와 관계없이 중력이 충분히 강하기만 하면 된다. 다만 그 중력을 만들기 위한 조건이 충족되는 경우가 매우 드물어 특수한 경우에만 블랙홀이 생성된다.

머리털이 3개인 블랙홀

블랙홀을 제외한 우주의 천체들에 대해서 우리는 질량, 렙톤수, 중력파, 기묘도, 각운동량, 전자기파, 바리온수, 하전 등 여러 가지 사실들을 알아낼 수 있다. 이럴 경우 그 천체는 머리털이 많다고 표현한다. 하지만 블랙홀에서 우리가 알아낼 수 있는 부분은 극히 제한되어 있다. 블랙홀은 모든 것을 흡수하는 성질을 가지고있어 관측이 매우 힘들기 때문이다. 우리가 블랙홀로부터 알 수 있는 사실은 질량, 하전, 각운동량 이 세 가지 밖에 없다. 그래서 블랙홀은 '머리카락이 3개 밖에 없다.'고 표현한다.

즉 블랙홀은 중력 수축 이전에는 많은 머리를 가지고 있다가 블랙홀이 된 후에 머리카락이 3가닥만 남고 다 빠져버린 셈이다. 블랙홀이 3가닥의 머리카락만 가지고 있다는 사실은 커(Kerr)의 풀이에서 유추해 낼 수 있다. 커의 풀이는 블랙홀의 각운동량, 하전, 질량밖에 언급하고 있지 않기 때문이다.

앞으로 블랙홀에 대한 연구가 더 활발히 진행되면 숨어있던 블랙홀의 머리카락을 더 찾아낼 수 있을지도 모른다.

블랙홀 찾기

블랙홀은 엄청난 중력으로 주위의 물질들을 빨아들인다. 블랙홀 주위에서는 유입 물질들이 매우 빠르게 회전하며 원반을 이루게 된다. 이 원반에서는 물질들 간의 마찰력으로 인해 많은 열과 X선이 뿜어져 나온다. 마치 별이 생성될 때 성운에서 열과 빛이 나오는 원리와 비슷하다. 따라서 블랙홀 자체는 검은 색이지만, 블랙홀 주위에서는 이러한 물질들의 회전으로 인해 강력한 X선이 방출된다.

천체 물리학자들은 블랙홀을 찾아낼 때 X선을 내뿜는 천체를 찾는다. 최근 우리 은하 중심의 백조자리 부근에서 X-1이라는 천체가 발견되었

적색 편이, 청색 편이

도플러 효과에 의해 관측자에게 다가오는 물체의 진동수는 높아지고, 멀어지는 물체의 진동수는 낮아진다. 이 원리는 별빛에도 적용되어, 우리에게 다가오는 별의 스펙트럼선은 푸른 계열에 가까워지는 청색 편이를, 멀어지는 별에서는 스펙트럼의 파장이 길어져 붉은 계열에 가까워지는 적색 편이를 일으킨다.

다. 이 천체는 가장 유력한 블랙홀의 후보이다.

멀리 떨어져 있는 블랙홀은 주위 별의 움직임을 보고 찾아낸다. 블랙홀 근처에 별이 있으면 그 별과 블랙홀은 서로의 질량 중심을 공전하며 점점 가까워진다. 블랙홀은 눈에 보이지 않으므로 우리가 볼 수 있는 것은 별의 움직임이다. 별이 블랙홀과 공전을 하게 되면 별에서는 적색 편이와 청색 편이가 반복되며 가끔은 블랙홀에 가려 사라질 때도 있다. 이런 천체가 있으면 우리는 그 주위에 블랙홀이 있다고 예측할 수 있다.

블랙홀은 그다지 검지 않다. - 블랙홀의 증발

블랙홀은 빛을 빨아들이기 때문에 말 그대로 검은 구멍(Black hole)이다. 그러나 1974년도에 영국의 천체 물리학자 스티븐 호킹에 의해 블랙홀에서도 물질이 방출될 수 있다고 주장되었다. 블랙홀은 분명 물질을 빨아들이기만 하는 천체인데 물질을 내보낸다는 말은 어찌 보면 황당할 수도 있다.

호킹이 생각한 장소는 사상의 지평선 바로 바깥쪽이다. 사상의 지평선 바로 바깥쪽에서는 수많은 입자들과 반입자들이 쌍생성, 쌍소멸 된다. 중력 때문에 주위의 공간이 강하게 휘어졌기 때문이다. 호킹은 쌍생성된 입자와 반입자들 중에서 반입자가 블랙홀로 빨려 들어가고 입자만 살아서 나오는 경우를 생각했다. 이 경우 관측자에게는 블랙홀에서 입자가 하나 생성된 것처럼 보일 것이다. 블랙홀에서 입자들이 나오면 블랙홀은 빛을 내는 것과 다름이 없다. 이렇게 해서 블랙홀에서 빛이 나오는 과정을 '호킹 복사'라 부른다. 'Black holes ain't as black as they are painted(블랙홀은 그다지 검지 않다).' 호킹은 이렇게 설명했다.

블랙홀에서 입자가 방출되면 블랙홀은 점점 질량을 잃어 언젠가는 증발하고 말 것이다. 이러한 과정은 질량이 작은 블랙홀일수록 훨씬 빠르게 진행된다. 그래서 질량이 매우 작은 블랙홀들은 수명이 매우 짧다. 일반적인 블랙홀은 주위에서 계속 물질들을 빨아들이기 때문에 빠른 속도로 증발하지는 않는다.

우리 우주에는 아주 작은 블랙홀들이 있었고, 지금도 계속 있을지 모른다. 이러한 작은 블랙홀들은 천체의 붕괴에 의해 생성된 것이 아니라 태초의 빅뱅에서 생성된 블랙홀들이다. 태초 우주는 고온 고압 상태였기 때문에 아주 작은 블랙홀들이 태어났으며 이들을 원시 블랙홀이라고 부른다. 원시 블랙홀의 크기는 소립자의 크기와 비슷한 정도이며 우주 공간을 빠른 속도로 날아다닌다. 원시 블랙홀에 전하를 띤 입자가 들어가면 블랙홀은 전하를 띠게 된다. 흥미로운 점은 +전하를 띠는 양성자가 블랙홀에 들어갔을 때이다. +전하를 갖게 된 블랙홀은 전자기력으로 주위의 전자를 끌어들일 수도 있다. 경우에 따라서 전자는 블랙홀 주위를 돌 가능성도 있다. 그렇게 되면 블랙홀은 원자와 비슷한 구조를 가질 수도 있다.

어찌되었든 이런 미니 블랙홀들은 매우 빠르게 증발하기 때문에 나중에 기술이 발달하면 이런 작은 블랙홀들을 전기 발전에 활용할 수 있다고 생각하는 사람들도 있다.

웜홀과 화이트홀

가장 가까운 거리

A4 용지 위에 두 점이 있다. 두 점의 가장 가까운 거리는 얼마일까? 대부분의 사람들이라면 '두 점을 잇는 직선'의 길이라고 답할 것이다. 이는 고전 물리학적 답변이다.

상대론적 물리학에서는 '0에 가까운 아주 짧은 거리'가 정답이다. 종이를 접어서 두 점이 포개지게 하면 두 점은 아주 가깝게 되기 때문이다.

우주에서 가장 빠른 속도는 빛의 속도이며 어느 물체도 이 속도를 넘을 수는 없다. 그러나 이 속도는 우주의 크기에 비하면 너무나 느린 속도여서 빛의 속도로 가장 가까운 별인 프록시마에 가는 데는 4년 4개월, 비교적 가까운 은하인 안드로메다 은하를 가는 데만도 230만년이라는 천문학적인 시간이 걸린다. 그러므로 설령 인류가 광속 우주선을 개발한다 하더라도 시간이 너무 오래 걸리기 때문에 우주여행은 거의 불가능한 것이 된다. 물론, 광속으로 달리는 우주인에게는 시간이 거의 느껴지지 않겠지만 지구에서 기다리는 사람으로서는 너무나 지루한 시간이 아닐 수 없다.

그렇다면 다른 방법을 강구해 보자. 빛의 속도를 넘지 않으면서도 먼 거리를 빠른 시간 안에 갈 수 있는 방법이 있지 않을까?

사과 위의 벌레

빨간 사과 위에 벌레가 한 마리 있었다. 벌레는 항상 사과 표면 위로만 기어 다녔다.

어느 날, 벌레는 사과에 구멍을 뚫었다. 반대편으로 이어지는 구멍이었다. 벌레는 더 빨리 목표 지점에 다다를 수 있었다.

간단한 이야기지만 웜홀의 개념을 이해하는

표면을 돌아가는 것보다 사과 속으로 가는 것이 더 빠르다.

데 큰 도움이 된다. 벌레가 지나다니는 사과 표면은, 벌레가 날개를 가지고 있지 않는 한, 2차원의 세상이다. 반면 벌레가 뚫은 구멍은 사과 표면을 기준으로 3차원의 세상이다. 그 3차원 구멍을 이용하면 2차원의 길보다 목적지에 더 빨리 도착할 수 있다. 웜 홀도 이와 같은 원리로 우주공간에 지름길을 만든다. 다만 3차원 우주공간에 4차원 길을 낸다는 것이 다를 뿐이다.

이 예는 웜홀이 왜 웜홀(warm hole, 벌레 구멍)이란 이름을 왜 갖게 되었는지 알게 해 준다. 과학자들은 우주통로가 이 사과의 벌레 구멍과 비슷하다고 생각한 것이다.

블랙홀과 화이트 홀 그리고 웜홀

웜홀은 공간상으로 먼 거리를 짧게 갈 수 있는 지름길을 제공한다.

지렁이가 구멍을 통해 다른 곳으로 가려면 입구와 출구가 필요하듯이, 웜홀을 통해 이동하려면 그 입구와 출구가 필요하다. 우주 공간에서 웜홀의 입구 역할을 하는 것이 블랙홀이고 출구 역할을 하는 것이 화이트홀이다.

블랙홀은 뭐든지 빨아들이는 천체이다. 아직 발견되지는 않았지만 화이트홀은 블랙홀에서 빨아들인 물질을 내뿜는 천체이다. 그러므로 웜홀은 블랙홀과 화이트홀을 이어주는 통로이다. 블랙홀에 빨려 들어간 물질은 웜홀을 지나 화이트홀로 나올 것이라고 생각하는 것이다. 여기에서 중요한 점은 웜홀을 이용하면 목적지에 더 가까운 거리로 도착할 수 있다는 것이다.

공간은 3차원 구조이지만 웜홀은 4차원 시공간을 이용해 우주의 지름길을 이용할 수 있다. 마치 구겨진 종이 위를 움직일 때 3차원을 이용하면 목표지점까지 직선으로 움직일 수 있기 때문에 더 짧은 거리로 움직일 수 있는 것과 같다. 웜홀도 마찬가지다. 울퉁불퉁한 우주 3차원 공간에서 웜홀은 화이트홀까지 직선인 지름길을 제공해 준다. 여기에서는 4차원을 그림으로 설명할 수 없고 상상하기도 힘들어서 한 차원씩 낮추어 표현해 보았다.

불안정한 구조

블랙홀에 관한 수학적 계산을 하던 중 발견된 웜홀과 화이트홀은 그 구조가 매우 불안정하다는 의견이 나왔다. 이론 물리학자들은 화이트홀은 생성 후 수 초(화이트홀의 질량이 클 경우에만) 내에 붕괴되어 자신의 성질을 잃고 블랙홀로 변해 버리고, 웜홀 역시 생성된 후 짧은 시간 안에 사라진다고 예측하고 있다.

앞으로 은하 여행을 하고 싶다면 이러한 문제점들을 극복하는 것이 중요할 것이다. 웜홀의 경우 현재 비교적 설득력 있는 대책이 하나 있다. 웜홀의 붕괴는 중력에 의해 발생되는 것이므로 그 중력을 상쇄시켜주는 반중력 물질을 웜홀 안에 투입하자는 것이다. 반중력 물질을 어떻게 만들어 낼지는 아직 모른다. 웜홀과 화이트홀을 이용한 여행에는 오랫동안의 연구가 필요할 것이다.

웜홀 여행이 이처럼 실현 불가능해 보이든 말든, 웜홀과 화이트홀에 대한 예측은 공상과학소설 작가들에게 커다란 도움이 되었다. 우주의 최고 속도가 빛의 속도이기 때문에 과학적 사실에 충실하기 위해서는 태양계 내에서 이야기가 진행되는 '스케일이 작은' SF 소설만이 출간될 수밖에 없었다. 하지만 웜홀의 등장으로 우주 저 너머까지 여행을 다녀올 수 있는 과학적 토대가 마련되어 공상과학소설은 그 내용이 더 장대해 졌다. 한 학문의 발전이 다른 분야에도 영향을 미치는 경우이다.

블랙홀의 물리적 성질

빛이 느려진다?

빛의 속도는 초속 30만 킬로미터로 절대 빨라지거나 느려지지 않는다. 그러나 우리는 주위에서 빛이 느려지는 경우를 많이 찾아볼 수 있다. 고등학교 물리 교과서에서는 양 매질에서 빛의 속도가 차이나기 때문에 굴절이 일어난다고 설명한다.

실제로 빛은 공기, 다이아몬드, 물 등을 지날 때의 속력이 진공을 지날 때 보다 훨씬 느리다. 그렇다면 이게 어떻게 된 일인가. 분명히 아인슈타인은 광속도 불변의 법칙을 통해 빛의 속도가 일정하다고 했고 이는 이미 증명되지 않았는가.

사실은 이렇다. 매질을 이루는 물질들은 모두 원자로 구성되어 있는데 원자와 부딪힌 광자는 원자에 흡수된다. 흡수된 광자의 에너지는 모두 전자의 위치에너지로 변환되어 전자가 평소 궤도보다 높은 궤도에 위치하는 들뜬 상태(excited state)로 만든다. 그러나 이 상태의 전자는 불안정하므로 다시 원래 상태로 되돌아가려는 특성이 작용하는데, 이 과정에서 처음 받았던 광자와 똑같은 광자를 내보낸다.

그러므로 빛은 자신의 속도로 계속 나아가다가 원자에 잠시 흡수되고 다시 나아가게 된다. 이 과정이 계속 반복되기 때문에 빛의 속도는 전체적으로 더 느려진 것처럼 보인다. 그러나 사실은 중간에 흡수되었다가 다시 원래 속도로 움직이는 것이므로 광속도 불변의 법칙은 계속 성립한다.

그럼 중력장에서는?

빛이 느려지는 것은 비단 매질을 통과할 때 뿐만이 아니다. 중력에 의해서도 빛이 느려질 수 있다.

중력장에서 빛이 느려지는 것은 엄연한 사실이다. 잡아당기는 중력이 강할수록 빛은 더 심하게 느려진다. 심지어 블랙홀의 사상의 지평선에서의 빛은 정지해 있는 상태가 된다. 이 역시 아인슈타인의 광속도 불변의 법칙을 어기는 현상이 아닌가 하고 의심을 가지는 사람들이 있을 수 있다. 그러나 이 역시 조금만 생각을 하면 쉽게 풀리는 문제이다.

중력장에서의 공간을 컨베이어 벨트가 움직이고 있는 것이라고 생각한다. 컨베이어 벨트들의 회전방향은 물체를 왼쪽으로 움직이게 하도록 돌고 있다. 그리고 빛은 그 위에서 반대쪽으로 움직이는 물체라고 생각해 보자. 즉, 컨베이어 벨트는 왼쪽을 향해 움직이고 빛은 오른쪽으로 움직인다.

컨베이어 벨트의 속도가 빛의 속도보다 빠르면 빛은 왼쪽으로 빨려 들어간다. 이는 블랙홀에서 사상의 지평선 안에서 벌어지는 일이다.

컨베이어 벨트의 속도가 빛의 속도와 같다면 빛은 정지하여 있는 것처럼 보인다. 이 현상은 블랙홀의 사상의 지평선에서 볼 수 있다.

컨베이어 벨트의 속도가 빛의 속도보다 느리면 빛은 자신이 원하는 방향으로 속도가 좀 줄어들긴 하지만 나아간다. 빛의 속도가 느리면 파장이 길어지므로 블랙홀 주위의 빛은 적색 편이를 하게 된다.

공간에 중력이 미치면 결국 그 공간 자체가 움직이는 것과 같다. 따라서 빛이 자신의 속도를 유지하여도 중력장 속에서는 느려지게 되는 것이다. 이 역시 광속도불변의 법칙에 위배되지 않는다.

블랙홀 가까이에서는?

블랙홀에 빨려 들어간다면 어떻게 될까? 물론 아직 사람이 블랙홀에 빨려 들어간 적은 없다. 하지만 가까운 미래에 우주선이 발달하고 우주여행이 가능해지면 우주인이 블랙홀 근처에서 실험을 하는 장면을 상상할 수도 있지 않을까?

2304년 한국 과학 천문연구원 나성운 박사는 블랙홀 근처에서 어떤 일이 벌어지고 있는지를 알아보기 위해 블랙홀을 향해 인형을 던져놓고 변화를 관찰하고 있었다.

2304. 6. 01 AM 10:00
한국 과학천문연구원 소속 과학자들은 우주인 모양의 인형을 블랙홀에

던졌다. 인형은 점점 가속되어 블랙홀에 가까이 다가간다.

블랙홀에 가까운 쪽의 인형부분이 블랙홀 쪽으로 길게 늘어진다. 길게 늘어진 부분은 점점 빨간 색으로 변한다. 점점 블랙홀로 빨려 들어가는 속력이 줄어든다.

자세히 보니 블랙홀에 가까운 인형의 부분이 더 늘어져 있는 것 같다. 또한 늘어져 있을수록 색이 더 빨갛게 변한 것 같다.

몸의 모든 부분이 빨갛게 되었고 굉장히 늘어졌다. 아직 블랙홀에 완전히 빨려 들어가지 않았다.

별 변화가 없다. 블랙홀에 조금 더 가까이 다가갔고, 좀더 빛이 희미해졌을 뿐이다.

며칠, 몇 달, 몇 년을 기다려도 인형은 블랙홀로 들어가지 않았다. 계속 블랙홀부근에 그대로 있다. 다만 빨간 빛이 점점 희미해져갈 뿐이다.

빨간 빛이 너무 희미해져서 이제 잘 보이지도 않는다. 가족이 그립다. 연구를 이만 마쳐야겠다.

(시간 스케일은 임의로 지정한 것이다.)

나 박사가 연구한 내용은 지극히 당연한 일들이다. 블랙홀 주위에서는 아주 특이한 일들이 일어나기 때문이다.

블랙홀 주위의 시공간은 강력한 중력에 의해 휘어져 있다. 정상적이던 물체가 블랙홀에 가까이 갈수록 모양이 길어지는 것도 공간의 휘어짐 때문이다. 시공간이 휘어지게 되면 시간도 느리게 흐른다. 시간이 느려지므로 주위에서 나오는 빛의 진동수도 낮아진다. 그리고 사상의 지평선 바로 앞쪽의 시간은 멈춰 있어서 아무리 기다려도 사람이 블랙홀로 빨려 들어가는 모습을 볼 수 없다.

블랙홀로 들어간 사람은?

우리가 지금까지 본 현상들은 블랙홀에 들어가는 인형을 바깥쪽에서 본 현상이다. 그렇다면 용감한 사람이 스스로 블랙홀로 들어가면 그 사람은 어떻게 될까?

아까 말했듯이 외부에서 보기에는 시간이 느려져도 그 사람 자신은 시간이 정상적으로 흐른다고 느낀다. 그리고 아주 오랜 시간에 걸쳐서 그 용감한 사람은 블랙홀 안까지 들어갈 수 있다. 그렇다면 블랙홀 안에서 그 사람은 무엇을 볼 것인가? 그것은 아무도 모른다.

다만 다른 차원의 세계와 연결되거나 다른 이상한 곳으로 빠져나온다는 등 추측만 무성할 뿐이다. 블랙홀로 들어간 사람이 자신의 경험을 말하려고 해도, 한번 블랙홀로 들어가면 나올 수 없으니 그 내용을 어떻게 전하겠는가. 아마 우리는 오랫동안 이 문제를 해결하지 못할 것 같다.

7 physics

여러 종류의 블랙홀

퀘이사의 수수께끼

1900년대 초, 천문학자들은 난관에 부딪혔다. 은하의 중심 부분에서 퀘이사라는 천체가 발견되었는데, 문제는 이 천체가 너무 밝다는 점에 있었다. 그 거리에서 그 정도의 밝기가 되려면 하나의 별에서 은하 전체의 에너지에 해당하는 빛을 뿜어내야 하는 계산 결과가 나왔던 것이다.

퀘이사는 오랫동안 천체 물리학자들을 괴롭혔다. 그만큼 많은 가설들도 태어났다. 초신성이 연속으로 터지는 지역이니, 우리의 관측이 잘못되었다느니, 매우 거대한 별이거나 은하핵이라고 하는 등 온갖 이론들이 제기되었지만 그 어느 것도 퀘이사를 완벽히 설명하지는 못하였다.

그렇다면 퀘이사는 무엇이었을까? 퀘이사의 정체는 곧 은하 중심에 위치한 거대 블랙홀로 밝혀졌다. 블랙홀은 그 이름과 같이 그 자체로는 검정색을 띤다. 하지만 주위의 물질을 빨아들이면 블랙홀 주위에는 유입물질의 원반이 생기게 된다. 블랙홀에 가까운 쪽의 유입물질은 먼 쪽의 유입물질보다 훨씬 빠르게 회전하여 바깥쪽의 물질과 마찰을 일으킨다. 퀘이사는 이 마찰에서 발생한 열이 빛으로 변환되어 우리에게 전달되는 현상이었던 것이다.

은하 중심의 거대 블랙홀

중심부에 커다란 블랙홀이 존재하는 은하는 우리 은하뿐만 아니다. 대다수 은하의 중심에 거대 블랙홀이 있다는 사실이 밝혀졌다. 신비한 점은 이 블랙홀의 크기는 은하의 크기에 비례한다는 것이다. 그러므로 은하 중심의 거대 블랙홀은 은하의 형성에 중요한 영향을 미쳤을 것으로 예상되고 있지만 아직은 정확하게 밝혀지지 않았다. 은하 중심의 거대 블랙홀을 연구하면 은하의 형성은 물론 우리 우주에 대해 더 잘 알 수 있을 것이다. 따라서 은하 중심의 거대 블랙홀의 발견은 현대 우주론에 있어 매우 중요한 의의를 가진다.

또 한 가지 특이한 점으로는 거대 블랙홀의 밀도가 매우 작다는 것을 들 수 있다. 어떤 블랙홀의 밀도는 물과 비슷한 정도인데 이는 블랙홀은 질량 증가비에 비해 부피 증가비가 더 크기 때문에 나타나는 현상으로 설명되고 있다.

두 가지의 블랙홀

블랙홀은 회전 여부에 따라 두 종류로 나뉠 수 있다. 회전하지 않는 블랙홀은 슈바르츠실트(Schwarzschild) 블랙홀로, 회전하는 블랙홀은 커 블랙홀이라 불린다.

흥미로운 점은 슈바르츠실트 블랙홀이 회전을 하게 되어 커(Kerr) 블랙홀이 되면 원래 질량의 최대 29%가 사라진다는 것이다. 사라지는 질량은 커 블랙홀의 운동 에너지로 변환된다. 질량이 줄어들기 때문에 반지름 역시 슈바르츠실트 블랙홀에 비해 최대 절반까지 줄어든다.

슈바르츠실트 블랙홀과는 다르게 커 블랙홀 주위에는 운동권(ergosphere)이라는 부분이 존재한다. 운동권에서는 주변에 있는 모든 물체들이 커 블랙홀 주위를 공전하게 된다.

펜로즈의 아이디어

로저 펜로즈(Roser Penrose, 1931~)는 스티븐 호킹에 버금가는 영국의 천체물리학자이다. 그는 1969년 커 블랙홀에서 에너지를 가져오는 방법을 제안하였다.

그는 한 물체가 운동권으로 들어가는 경우를 생각했다. 한 덩어리였던 물체의 일부

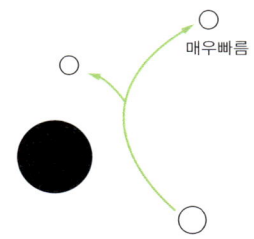

매우빠름

펜로즈 과정. 빠르게 자전하는 커 블랙홀 주위에는 운동권이 존재한다. 운동권 안에 들어온 물체는 운동에너지를 얻는다. 물체가 운동권에 들어와 하나는 블랙홀로 들어가고 다른 하나는 빠져나오면 그 에너지를 발전에 사용할 수 있지 않을까?

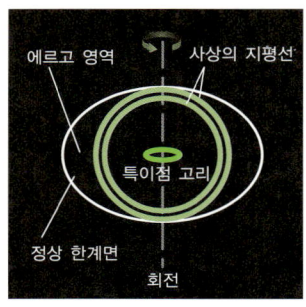

에르고 영역　사상의 지평선

특이첨 고리

정상 한계면

회전

커 블랙홀의 구조

가 커 블랙홀로 빨려 들어가고 나머지는 바깥쪽으로 빠져 나왔을 때 빠져나온 부분이 갖는 에너지가 처음 들어간 물체의 에너지보다 더 클 수도 있다고 예측했다. 이 운동을 그의 이름을 따 펜로즈 과정이라고 부른다.

펜로즈 과정을 잘 이용하면 커 블랙홀의 운동에너지를 유용하게 이용할 수도 있다. 우리에게는 질량을 가진 쓸모없는 물질쓰레기들이 많이 있다. 이러한 물체를 커 블랙홀의 운동권에 들여보내 빠른 속도로 탈출시키면 그 에너지를 발전에 사용할 수도 있다.

현대 우주론에 오기까지

과거의 우주관

옛날 사람들은 다양한 우주관을 가지고 있었다. 인도사람들은 여러 동물들이 세계를 이루고 있다고 생각했고, 중국인들은 천원지방(天元地方), 즉 땅은 각지고 하늘은 둥글다고 생각했다. 그러나 대부분의 사람들은 펼쳐진 땅 위에 하늘이 뚜껑처럼 덮여 있다고 믿었다.

그 생각도 전혀 비과학적이 아닌 것이, 구름 한 점 없는 하늘을 보면 마치 뚜껑을 덮어놓은 것처럼 보여서, 행성과 달을 제외한 태양과 모든 별들은 그 뚜껑에서 회전하는 것이라고 설명을 해도 쉽게 납득이 되기 때문이다.

중세에 들어 여러 천문학자의 관측 자료가 축적되고 물리학과 수학의 발달로 우주에 대해 과학적인 접근이 이루어졌다. 케플러의 법칙, 만유인력의 법칙 등 천체에 대한 여러 가지 법칙들이 발견되고 지동설이 확립된 것도 이때이다.

한편, 뉴턴이 만유인력의 법칙을 발견하자 사람들은 우주가 무한할 것이라고 생각했다. 만약 우주가 유한하다면 별들 사이의 인력으로 인해 우주가 붕괴될 것이기 때문이었다. 무한한 우주만이 현재 우주의 안정함을 설명할 수 있었다. 이는 요즘에도 흔히 궁금증을 가질 수 있는 내용이다. 그렇다면 우주는 정말 무한할까?

올리버스의 역설

우주가 무한하다면 어떤 일이 벌어질까? 우주가 무한하다면 우리가 보는 밤하늘의 어느 방향이든 별이 보여야 할 것이다. 그럼 밤하늘에는 어두운 공간이 존재할 수 없다.

우주의 성운들도 별빛을 막지는 못한다. 게다가 성운이 별빛에 의해 오랫동안 가열된다면 언젠가는 별빛과 같은 빛을 낼 것이다. 그러므로 밤하늘은 어둡지 않고 언제나 매우 환해야 한다. 그러나 실제 밤하늘은 어둡기만 하다.

그럼 성운에 가려 아직 빛이 도착하지 않았다고 생각할 수도 있다. 하지만 성운에 의해 가려진 것이라면 그 성운도 시간이 지나면 가열되어 하늘은 점점 밝아져야 하는데 밤하늘은 언제나 그대로이다. 이 생각은 우주의 안정성 때문에 우주가 무한하다고 생각했던 중세의 사람들에게 커다란 난제일 수밖에 없었다. 우리는 이를 올리버스의 역설이라 부른다.

우리 은하의 구조

우주의 모습을 설명하기에 앞서 우리 은하에 대해 알아보자. 우리 은하는 원반 모양을 띠고 있다고 한다. 그러나 아쉽게도 인류는 우리 은하계 밖으로 탐사선을 내보낸 적이 없다. 멀리 있는 은하들은 우리가 그 은하 밖에서 관찰하는 것이므로 그 모습을 정확히 알 수 있다. 그렇다면 우리 은하의 모습은 어떻게 알 수 있을 것인가.

꼭 높은 하늘로 올라가야만 지도를 그릴 수 있는 것은 아니다. 조선시대의 김정호는 전국을 누비며 대동여지도를 만들었는데 이는 하늘에서 바라본 한반도의 모습과 비슷하다. 그렇다고 김정호가 하늘 위에서 한반도를 바라본 적은 없다. 우리 은하의 관찰도 이와 같다. 꼭 은하계 밖에서 봐야 하는 것은 아니다. 지구에서 하늘을 보면 어느 곳은 별이 빽빽하고 어느 곳은 성기다. 별이 밀도 높게 분포하는 곳은 별이 많이 있는 은하의 팔 부분이나 중심부이다.

별이 성긴 부분은 은하의 얇은 부분이다. 이 부분은 은하의 외곽지역이라서 별의 수가 적다. 또 우리 은하에서 볼 수 있는 다른 은하들의 특징들을 통해 우리 은하의 모양을 추정할 수 있다.

우리 은하에 대해 알아보았으니 우리 우주의 구조, 우주의 역사에 대해 알아보자.

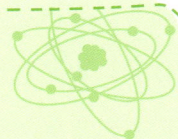

우주의 시작

우주의 역사

우리 우주는 어떻게 시작되어 여기까지 왔을까? 우주의 종말은 어떻게 될까? 우주의 크기는 얼마나 클까?

사실 현대의 과학도 이러한 물음들에 대해 그렇게 잘 알고 있지는 못하다. 다만 많은 관측 결과들을 통해 알아가고 있는 중이다. 지금도 과학은 우주에 대해서 수많은 이론들을 배출하고 있고, 이 중에는 아직 옳은지 그른지 알지 못하는 것들이 태반이다. 이 책에서는 수많은 이론들 중에서 검증이 되었거나, 옳을 가능성이 높은 이론들과 현재까지의 관측 사실들을 소개하겠다.

먼저 우주 생성 이론의 탄생 배경에 대해 알아보기로 하자.

우주의 팽창

밤하늘을 바라보면 별들은 항상 제자리에 있고, 별로 변하는 것 같지는 않다. 그러나 이제 우리 우주가 팽창하고 있다는 사실은 거의 공인된 사실이다. 과학자들은 우주가 팽창하는지 어떻게 알아냈을까? 지금부터 그 과정에 대해 알아보자.

도플러 효과(Doppler Effect)

'갑자기 뚱딴지 같이 웬 도플러 효과?' 하고 의아해하는 독자들도 있을지 모르지만, 우주가 팽창한다는 사실을 발견하는데 도플러 효과가 중요

도플러 효과

똑같은 파동을 내보내는 물체라도, 관측자에게 가까이 다가오면 높은 진동수의 파동을, 멀어지면 낮은 진동수의 파동을 내보내는 것처럼 보이는 현상이다.

한 역할을 하였기 때문에 이 현상에 대해 설명할 필요가 있다.

구급차의 사이렌 소리를 생각해보자. 구급차가 정지해 있다면 사이렌 소리는 구급차의 왼쪽이나 오른쪽에서나 차이가 없다.

그러나 구급차가 오른쪽으로 움직인다면 구급차의 오른쪽에서는 더 높은 소리를 듣는다. 파동이 한번 생기고 전파되는 동안 구급차가 파동에 더 다가간 후 다음 파동을 내보내기 때문이다. 이 경우 파동과 파동 사이의 간격이 좁아져 더 높은 소리가 들리게 된다.

반면, 파동과 음원이 반대로 움직이는 경우, 파동이 발생되고 나아가는 사이에 구급차가 파동에서 더 멀리 떨어진 쪽으로 움직인 후 다음 파동을 발사하므로 파동사이의 간격이 멀어져 낮은 음이 발생된다.

빛도 마찬가지다. 빛은 진동수가 낮은 순서부터 빨강－노랑－백색－청색의 색을 가진다. 지구에서 멀어지는 물체의 빛일수록 더 낮은 진동수, 즉 빨간색에 가까운 빛을 내보내고, 가까이 오는 물체의 빛일수록 파랑에 가까운 색을 띈다. 사실 별이 빠르게 움직여도 우리가 눈으로 보는 색은 별 차이가 없다. 색이 편이된 만큼 적외선, 또는 자외선 영역의 빛이 이를 보충해주기 때문이다. 과학자들은 관측장비를 통해 스펙트럼선이 얼마나 변했는지를 보고 별의 적색, 청색 편이 여부를 판단한다.

이를 '적색 편이, 청색 편이'라 부른다. 적색 편이는 멀어져가는 별에서, 청색 편이는 가까워지는 별에서 관측된다.

별과 은하들의 적색 편이

천문학자 에드윈 허블(E. P. Hubble, 1889~1953)은 윌슨산 천문대에서 별을 관찰하던 중 별들에게서 적색 편이 현상이 나타나는 것을 관측했다. 일정 방향에서만 그런 것이 아니라 관측한 모든 별들에서 적색 편이 현상이 나타났다. 그때까지만 해도 과학자들은 우주는 크기가 변하지 않는 정상 우주, 즉 정적인 우주라 생각했다. 허블의 관측은 청색 편이와 적색 편이는 비슷한 비율로 일어난다는 당시의 믿음에 반대되었다.

특히 지구에서 멀리 떨어진 별일수록 더 빠르게 후퇴하였다. 즉, 멀어지는 정도와 별까지의 거리는 비례관계를 보였다. 이 사실은 우주가 팽창하고 있음을 알려주는 강력한 증거가 되었다.

우주가 팽창한다면 이 팽창 속도를 거꾸로 계산하면 우리 우주의 부피가 0이었을 때를 구할 수 있다. 과학자들은 그때가 우주의 시작이고 그 때의 큰 폭발로 인해 우주가 팽창한다고 생각했다. 이러한 우주의 팽창과 폭발 이론은 허블의 관측이 있기 전에 프리드만이 이미 예견한 일이기도 하다.

그러나 이것으론 부족하다

허블의 관측으로 인해 우주가 태초의 폭발로 인해 팽창한다는 주장은 증명된 듯 보였다. 그러나 한 가지 의심해 볼 문제가 있다. 허블이 은하 팽창을 알아내는데 이용했던 적색 편이가 꼭 은하가 멀어질 때에만 일어나는 것은 아니기 때문이다.

중력, 성간 물질 등 여러 가지 원인에 의해서 빛의 진동수가 변할 수도 있다는 주장이 제기되었다. 만약 허블의 관측결과가 다른 원인에 의한 적색 편이라면 이는 우주가 폭발과 팽창의 증거로서 사용될 수 없다.

그래서 우주의 팽창은 인정하면서 초기의 대폭발을 부정하는 연속 창조 우주론(Continuous Creation Theory)이 생겨나기도 했다. 허블의 이론은 태초의 대폭발로 인해 우주의 부피가 커지지만 은하의 수는 일정하므로 밀도는 계속 낮아진다는 의미를 담고 있다. 반면 연속 창조 우주론에서는, 우주는 팽창하지만 계속 새로운 은하들이 생겨나 우주의 밀도는 항상 일정하다고 말한다. 이 주장에서 은하들은 새로 생성되기만 할 뿐 움직이지는 않기 때문에 적색 편이를 할 이유가 없었다. BB(Big Bang)과학자와 CC(Continuous Creation)과학자들은 이 문제를 놓고 오랫동안 논쟁을 벌였다.

쐐기를 박는 증거

우주가 초기 대폭발에 의해 생성되었다는 주장을 증명하려면 우주 배경 복사(cosmic background radiation)가 있어야 한다. 우주 배경 복사란 빅뱅 초기의 뜨거웠던 우주가 팽창하면서 식어진 복사선을 말한다. 같은 양의 복사파가 더 넓은 공간에 있으므로 단위 부피 당 에너지는 적어진 것이다. 빅뱅 우주론에서 설명하는 태초는 매우 뜨거웠다. 따라서 당시 우주는 고에너지 전자기파로 가득 차 있었고, 우주가 팽창해도 그러한 전파는 남아 있을 것이다.

반면, 연속 창조 이론에서는 태초에 뜨거웠던 시기가 없었으므로 그러한 배경 복사 역시 존재하지 않았을 것이라고 예측했다.

우주 배경 복사는 우연히 발견되었다. 1946년 물리학자 펜지아스와 윌슨은 전파 잡음을 측정하기 위해 안테나를 이용해 전파를 수신하였다. 그러나 그들은 원하던 전파가 아닌 다른 잡음을 수신하였다. 그 잡음의 원인을 찾아보려고 백방으로 노력했지만 허사였다. 그들은 그것이 우주 배경 복사라고밖에 생각할 수 없었다. 그 복사는 모든 방향에서 시각, 계절과 관계없이 일정하게 수신되었기 때문이다.

그들은 이 내용을 담은 2페이지의 논문으로 1978년 노벨 물리학상을 수상하였다. 이 발견으로 우주가 폭발에서 시작했다는 주장은 확실하게 증명되었다.

우주 배경 복사란?

우주 배경 복사는 우주가 태초에 뜨거웠을 때부터 존재하던 전파들로서 우주가 팽창함에 따라 더 넓은 공간에 퍼져 낮은 온도를 가지게 되었다. 현재 우주 배경 복사의 온도는 약 2.7K(섭씨 영하 270.3도)정도이다. 그러므로 아무런 물질도 없는 우주 공간에 완전히 열이 없다고 생각해서는 안 된다.

우주배경복사는 전자가 원자핵에 포획된 우주 탄생 후 70만 년 후부터 우주를 날아다니게 되었다. 그 전까지는 온도가 높아 전자와 원자핵이 분리되어 있어 빛이 얼마 가지 못하고 전자에 의해 방해당했다. 이후 우주의 팽창으로 온도가 낮아지자 원자핵과 전자는 결합하여 원자를 형성하였다. 원자는 빛의 진행을 방해하지 않으므로 그 때부터 빛은 자유롭게 퍼져나 갔다. 바로 이때의 전파가 아직까지 남아있어 우주의 태초와 구조에 대해 알려주므로 우주 배경 복사는 흔히 화석(化石) 복사라 불린다.

우주 배경 복사는 계절에 상관없이, 어느 방향에서 수신하여도 놀랄 만큼 등방적이다. 즉 언제 어디서 우주배경복사를 측정해도 그 세기는 거의 같다는 뜻이다.

등방성은 우리 우주가 고르게 섞여 있는 상태에서 갑자기 팽창했음을 시사한다. 이 갑작스런 팽창은 지금부터 알아볼 빅뱅 이론에서는 완벽하게 설명하지 못하는 부분이다. 그래서 빅뱅 이론이 수정된 인플레이션 이론이 나오게 되었는데, 이는 나중에 알아보자.

빅뱅 이론이 설명하는 우주의 탄생

빅뱅 이론의 승리

결국 BB 대 CC의 논쟁은 BB의 승리로 종식되었다. 사실 CC 이론은 처음부터 약간 문제가 있었다. 처음부터 우주가 뜨겁지 않았다면 우주의 1/4을 차지하고 있는 헬륨이 어디에서 왔는지를 설명하지 못했기 때문이다. 헬륨은 별 내부에서 핵융합으로 생성되기는 하지만 그렇다고 보기에는 우주의 헬륨 양이 너무 많았다. 태초 우주가 별의 내부처럼 뜨거워야만 핵융합을 통해 다량의 헬륨이 생성될 수 있었고 빅뱅 이론만이 이 현상을 명쾌하게 설명할 수 있었다. 이로써 세상의 태초를 설명하는데 초석을 제공한 빅뱅 이론이 탄생하게 되었다.

빅뱅 이론은 우주가 한 점에서부터 커다란 폭발로 인해 시작되었다고 말한다. 이 폭발로 인해 우주는 지금도 팽창하고 있고 우주의 온도는 낮아지고 있다. 그럼, 빅뱅 이론이 설명하는 140억 년 전 우주의 탄생 시나리오에 대해 알아보자.

제일 처음

우주는 커다란 폭발로부터 시작되었다. 이를 '빅뱅'이라고 부른다. 빅뱅이 일어나면서 시간과 공간이 생겨났다. 이때 우주의 부피는 미립자 정도였다. 엄청난 에너지가 작은 부피 안에 몰려 있으므로 상상을 초월할 정도로 온도가 높았다. 그 충격의 여파로 인해 우주는 빠른 속도로 팽창했다.

태초의 뜨거운 우주에서는 물체를 볼 수도 없었으며 원자, 분자도 존재하지 않았다. 이때에는 원자를 구성하는 양성자, 중성자, 전자조차도 없었다. 워낙 높은 온도로 인해 우주는 핵자라는 아주 미세한 입자들로 차있었다.

조 금 후

우주 탄생 직후 중성미자의 상호작용으로 중성자가 양성자가 되고, 양성자가 중성자가 되는 일이 발생하였다. 어느 정도 후 온도가 떨어지면서 이런 반응이 멈추어서 양성자와 중성자의 수는 고정되었다. 양성자 1개는 곧 수소의 원자핵과 같으므로 우주는 수소 원자핵과 중성자로 넘쳐났다.

수소의 원자핵과 전자가 생성되었지만, 아직 수소 원자가 생성된 것은 아니었다. 이때는 높은 온도로 인해 수소 원자핵과 전자가 분리된 상태, 즉 플라스마(Plasma)상태였다.

이 후 중성자와 양성자가 결합하여 1개의 양성자와 1개의 중성자의 결합체인 이중수소 원자핵과 1개의 양성자와 2개의 중성자의 결합체인 삼중

수소 원자핵이 만들어졌다. 이중수소 원자핵과 삼중수소 원자핵은 점화온도보다 훨씬 높은 우주의 온도로 인해 핵융합 반응을 하며 헬륨 원자핵을 만들어냈다. 이때 생성된 헬륨이 우주의 25%를 이루는 현재 헬륨의 대부분을 차지한다. 또한 우주의 74%를 구성하는 수소도 이때 생성된 것이다.

이 후 우주의 온도는 점점 떨어진다. 빅뱅 후 약 70만 년이 지나면 우주의 온도가 태양 표면 온도로 떨어져 전자가 원자핵에 포획돼 수소 원자, 헬륨 원자가 생성된다.

전자가 원자핵에 포획되는 순간에 그때까지 전자기력으로 붙잡아 두었던 광자를 내놓게 된다. 광자가 대량으로 방출되면서 지금까지 뿌연 안개와 같았던 우주는 갑자기 밝아지게 된다. 과학자들은 이때를 가리켜 '전자안개가 개었다' 라고 표현한다.

우주는 점점 팽창하고, 수소 원자들이 모여서 항성을 형성한다. 우주 탄생 95억 년 후 태양계가 탄생하였으며 지금으로부터 약 300만 년 전에는 원시 인류가 탄생했다. 그리고 우주가 시작된 지 140억 년이 지난 지금 이 순간 당신은 이 책을 읽으며 세상의 본질에 다가서고 있다.

초기 우주의 미립자가 우주 형성에 큰 영향을 미쳤기 때문에 태초를 연구하는 과학자들은 원자 가속기를 통한 미립자 연구에 주력하고 있다. 원자 가속기와 같은 장비들을 통해 우주 태초의 환경을 재현해 입자를 관찰함으로써 현대 물리학은 우주의 신비를 파헤쳐 나가고 있다.

빅뱅(Big bang)을 그대로 풀이하면 큰 폭발이란 뜻이다. 그렇기 때문에 많은 사람들은 빅뱅을 지구상에서 일어나는 큰 폭발 현상처럼 생각하는 경우가 많다.

하지만 빅뱅 당시 소리는 없었다. 소리는 공기의 진동에 의해 전달되는 것이다. 원자도 갖춰지지 않은 당시에 공기가 존재하는 것은 불가능하다.

비슷한 예로, 스타워즈(Star Wars)에 보면 우주선이 레이저를 쏠 때 슝슝 소리를 내는 모습을 볼 수 있는데, 우주에는 공기가 없으므로 이 역시도 비과학적이다.

그 전에는?

우주가 140억 년 전에 태어났다면 그 전에는 뭐가 있었을까? 160억 년 전의 우주는 아무것도 없는 진공 상태였을까?

공간이 없다면 시간도 존재하지 않는다. 즉, 가장 먼 과거는 140억 년 전이라는 말이다. '그 전에'라는 표현은 있을 수 없다.

물리학자들은 이에 대해 아주 명쾌한 비유를 만들었다. '우주 탄생 전에 어떤 일이 있었나?' 하는 질문은 '북극에서 더 북쪽이 어디인가?' 하는 질문과 같다는 것이다. 이 얼마나 탁월하고 명쾌한가! 북극에는 더 이상 북쪽이란 곳이 존재할 수 없다. 시공간은 빅뱅과 함께 생성되었다. 빅뱅 이전에는 시간이란 것 자체가 없었으므로 빅뱅 이전의 시간이란 말은 무의미하다. 즉 우주가 태어난 순간에 시간도 태어났으며, 이때가 가장 오래된 과거이다.

우주의 구조와 구성 물질

물질은 왜 뭉쳐 있는가

우주에 있는 물질은 왜 뭉쳐 있을까? 너무나도 쉬운 질문이다. 답변은 당연히 '중력이 있기 때문'일 것이다.

하지만 그렇게 쉬운 문제만은 아니다. 우주가 태초에 '완전히 균일하게' 섞여 있었다면 모든 중력이 서로 상쇄되어 우주는 서로 뭉쳐지지 않은 미립자들로만 구성돼 있어야만 한다. 설령 은하가 생긴다 해도 현 우주의 나이보다 훨씬 많은 시간을 필요로 한다. 그렇다면 현재 우주에 은하, 행성, 별이 존재한다는 사실은 미스터리일 수 밖에 없다.

우주 배경 복사의 미세한 차이

우주 태초의 폭발 후 140억 년 동안 마이크로파 형태로 우주를 돌아다니는 우주 배경 복사는 많은 정보를 담고 있다. 특히 우주 배경 복사는 우주 초기의 온도 분포를 알려준다. 만일 우주 초기에 온도가 완전히 같았다면 현재의 우주 배경 복사 역시 어느 방향에서나 완전히 균일해야 한다.

1989년에 발사된 COBE(Cosmic Background Explorer) 관측 위성은 그 당시까지 완전히 균일하다고 생각되던 우주 배경 복사의 미세한 차이(십만 분의 1도)를 발견해냈다. 그 미세한 차이는 천문학자들이 지금까지 궁금하던 미스터리를 풀어내는 열쇠가 되었다. 즉, 태초에 물질의 분포가 완전히 균일하지는 않고 아주 약간의 불균일이 있었다는 것이다. 그 후 2001년에 발사된 WMAP(Wilkinson Microwave Anisotropy Probe) 위성은 COBE 위성에 비해 더 높은 해상도로 우주 배경 복사의 차이를 측정하였다.

결국 우주 태초의 아주 작은 차이가 우리 우주의 심한 불균일을 일으켰다는 주장이 힘을 얻게 되었다. 그러나 이 학설에 대해서 많은 과학자들이 의문을 제기했다. 그들의 의문은 우주 배경 복사의 차이가 너무 미세하다는 것이다. 이는 태초 우주의 밀도 불균일 역시 아주 미세하였으며 이 작은 불균일이 우주의 별과 행성을 만들었다는 뜻이다. 그렇다면 태초에 아주 작은 변화만 있었다 하더라도 우리 우주의 모습은 지금과 많이 달랐을 것이다.

이 학설에 대해 회의적인 학자들은 이렇게 비유했다. '신께서 아주 조금만큼의 소금만 더 넣어도 맛이 확 변하는 스프(우주)를 선호했을까?' 요즘 과학자들의 대답은 '그럴 수도 있다' 이다. 조금의 불균일이 주위의 물질들을 끌어 모으고, 이는 불균일을 심화시켜 물질들을 더 강하게 끌어 모으는 과정이 반복되어 현재와 같은 구조를 이루었다는 것이 정설이다.

암흑 물질

우리는 별의 밝기와 스펙트럼 등을 통해서 그 별의 대체적인 질량을 구할 수 있다. 과학자들은 이런 방법을 통해 은하들의 질량을 구했다. 이 결과를 가지고 은하가 얼마나 빠르게 도는지를 계산했다.

그러나 실제 관측 결과는 이론과 많은 차이가 났다. 은하의 속도는 과학자들이 수학적으로 예상했던 것보다 훨씬 더 빨랐다. 그렇게 빠르게 도는 은하를 지탱하기 위해서는 과학자의 예측보다 더 큰 중력이 필요하다.

이러한 미스터리를 해결하려면 우리 은하에는 보이지 않는 물질들이 존재해서 은하가 회전하게 하는 중력을 만들어낸다고 생각할 수밖에는 없다. 과학자들은 이런 물질을 암흑 물질(dark matter)이라고 명명했다.

암흑 물질의 존재를 알려주는 또 하나의 단서는 은하들의 집단인 은하단에서 찾을 수 있다. 관측 결과에 의하면 은하들의 속도는 매우 빨라 은하들이 은하단에서 튀어 나올 정도이다. 이와 같은 현상이 실제로 발생하지 않는 것은 다량의 암흑 물질이 존재하기 때문에 그 중력이 은하들을 잡아둔다고 생각하면 이 문제 역시 해결된다.

그렇다면 '암흑 물질은 무엇인가?' 하는 문제가 대두된다. 현재 가장 유력한 후보는 뉴트리노, 우리말로 하면 중성미자(전기적으로 중성인 작은 입자)라는 입자이다. 뉴트리노는 아직 질량이 있는지 없는지조차 확신하지 못하는 입자이다. 질량이 거의 없다고 해도 우주에 워낙 많은 양이 있기 때문에 우주의 많은 부분을 차지하고 있을 것으로 생각된다.

뉴트리노

암흑 물질 후보에 올라있는 **뉴트리노**에 대해 알아보기로 하자.

지구에 있는 우리가 접하는 뉴트리노의 대부분은 태양에서 핵융합이 일어날 때 나오는 것이다. 뉴트리노는 전기적으로 중성이고 상호작용도 하지 않기 때문에 지구를 그냥 통과한다. 지금도 뉴트리노들이 우리의 몸을 지나가고 있지만 우리는 아무런 느낌도 받을 수 없다. 뉴트리노는 상호작용을 거의 하지 않기 때문에 검출하기가 매우 어렵다.

뉴트리노를 찾는 과학자들은 지하에 검출 장치를 설치한다. 지상에서는 여러 가지 우주선(Cosmic ray, 우주에서 날아오는 전자기파)으로 인해 실험에 방해를 받기 때문이다. 또한 중성자와 감마선 복사를 차단하기 위해서 실험 장치를 물속에 설치한다. 여러 실험 결과로 볼 때 우주에는 $1cm^3$ 당 102개의 뉴트리노가 있는 것으로 보인다. 만일 뉴트리노에 질량이 있다면 우주 질량의 대부분은 뉴트리노가 차지하고 있을 것이다.

중성이고 거의 상호작용을 하지 않는 뉴트리노는 얼핏 쓸모없어 보이지만 사실 많은 유용함을 가지고 있다. 초신성이 폭발할 때 엄청난 양의 뉴

🔍 뉴트리노(중성미자)

아주 작은 입자이다. 1931년에 W.파울리는 중성자 붕괴 시 운동량과 에너지가 보존되기 위해서는 매우 가벼운 입자가 방출되어야 한다는 가정 하에 뉴트리노의 존재를 예측했다. 물질과 작용을 거의 하지 않고 전하도 0인 뉴트리노는 핵융합 반응에서도 발생한다.

트리노가 생산되는데, 이들을 관측하면 초신성에 대한 여러 정보를 알 수 있다. 또한 원자보다 작은 입자들을 관찰할 때에도 뉴트리노를 충돌시켜 그 성질을 알아보기도 한다.

뉴트리노는 빛의 속도로 움직인다. 그래서 과학자들은 아인슈타인의 광속도 불변의 법칙을 증명하기 위해 초신성에서 지구까지 수백 년을 날아온 뉴트리노들을 검출해 내서 빛의 속도가 일정하다는 사실을 높은 신뢰도 수준으로 밝혀낸 적도 있다. 아무튼 암흑 물질의 유력한 후보인 뉴트리노는 과학 연구에서 많은 관심을 받고 있다.

중성자와 우주

우주 초기에 중성자의 역할은 매우 중요했다. 우주 초기, 양성자와 중성자가 생성된 직후 우주의 뜨거운 온도에 의해 헬륨 원자핵(양성자 2개와 중성자 2개)이 생성되기 시작하였다. 그러나 중성자는 원자핵 안에 있지 않을 때는 불안정해서 양성자와 전자로 붕괴하는 성질이 있다. 헬륨은 중성자와 수소 원자핵이 만나 이루어지기 때문에 중성자가 얼마나 안정적으로 있는지는 우주 전체의 헬륨 양과 직접적으로 관련이 있다. 예전에 중성자의 반감기(붕괴되지 않은 물질의 반이 붕괴되는 시간)는 약 12분으로 알려졌었다. 하지만 이 시간은 현재의 헬륨 양을 설명하기에는 다소 길었다. 그 후, 중성자의 정확한 반감기 10.1분을 재었을 때야 비로소 우주에 있는 헬륨의 양을 설명할 수 있었다. 중성자는 너무 빨리 움직이고 전하도 없기 때문에 반감기를 관측하는 데 어려움이 많아 한동안 정확한 측정을 못 했던 것이다.

중력 렌즈

상대성 이론은 밤하늘에 똑같이 생긴 천체가 여러 개 있을 것임을 암시하고 있다. 중력에 의해 빛을 휘게 하는 중력 렌즈가 있기 때문이다.

중력 렌즈의 원인은 은하, 블랙홀 등 강력한 중력을 가진 천체이다. 퍼져나가는 빛이 은하 옆을 스쳐갈 때 각도가 휘어져 우리 눈에 다른 모습으로 보이는 것이다.

중력 렌즈에 의해 나타나는 가장 흔한 상(像, view) 중의 하나가 바로 5개의 별 모양이다. 가운데에 밝은 별이 하나 있고 그 주위에 4개의 별이 있는 것처럼 보인다.

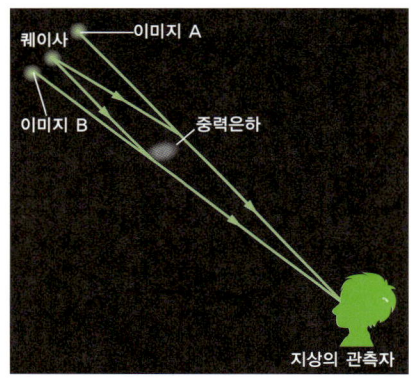

이 상의 가운데에 있는 것이 은하이며, 은하 뒤에 있는 별 빛이 은하의 중력으로 굴절되어 우리 눈에 4개로 보이는 것이다. 가운데 은하를 제외한 4개의 별들은 허상임을 알아야 한다. 진짜 별은 은하 뒤편에 존재하므로 은하에 가려 보이지 않는다.

가운데의 중력원으로 인해 주위에 4개의 허상이 생겼다.

아인슈타인의 우주와 빅뱅 이론의 모태

아인슈타인의 실수 아닌 실수

아인슈타인이 생각한 우주는 팽창도 수축도 하지 않는 정적(靜的, stable)인 우주였다. 그는 별다른 근거도 없이 직관(아인슈타인은 이런 경우가 많다)만으로 그의 **공간 곡률 방정식**에 우주를 안정하게 해 주는 우주 상수를 도입했다. 이 우주 상수는 중력에 의한 수축을 막아주는 어떤 힘이 전 우주적으로 존재한다는 것을 의미한다.

후에 허블의 관측으로 인해 우주가 팽창한다는 사실이 알려졌다. 또 정적인 우주는 은하가 조금만 변화해도 바로 전체 우주가 흔들리는 불안정

공간 곡률 방정식

아인슈타인은 일반 상대성 이론에서 중력은 공간의 휘어짐으로 인해 생성된다고 설명했다. 질량과 공간의 휘어짐 사이의 관계식이 공간곡률방정식이다. 이 방정식은 우주의 구조에 대한 내용을 포함하고 있기도 하다.

한 구조를 가지고 있었다. ─프리드만의 지적 이후 아인슈타인은 우주방정식에 우주 상수를 넣은 일을 인생 최대의 실수라며 후회한 적이 있다. 그 후 한동안 우주는 팽창하고 있으며, 은하 사이의 중력으로 인해 그 팽창 속도는 점점 줄어든다는 주장이 정설화 되었다.

그러나 현대에 이르자 새로운 관측 결과가 알려졌다. 우주의 팽창 속도가 점점 빨라진다는 것이었다. 중력으로 인해 팽창 속도는 느려진다고 예측된 상황에서 이는 상당히 의문스런 점이다. 이 팽창을 가속시키는 에너지를 암흑 에너지라 부르며, 아직 그 실체는 알려져 있지 않다. 이를 설명하기 위해서는 아인슈타인이 생각한 우주 척력을 도입해야만 했다. 결국 아인슈타인이 우주 상수를 도입한 것은 잘못되었다고 말한 것 역시 실수가 돼버렸다. 일부 과학자들은 아인슈타인이 우주에 대한 관측 자료가 없던 시대에 우주 상수를 넣은 것을 그의 일생 최대의 업적이라고도 부른다. 우주 척력의 존재를 예언했기 때문인데, 천재들은 실수를 해도 위대한 결과를 만드는가 보다.

어찌되었든, 은하 간에 척력으로 작용하는 암흑 에너지의 양은 우리 우주의 많은 부분을 차지한다. 아인슈타인의 질량─에너지 등가 원리($E = mc^2$)를 적용해 에너지를 질량으로 생각하면, 암흑에너지는 전체 우주 질량의 74%를 차지하고 있다. 나머지는 암흑 물질이 20%, 우리가 알고 있는 일반적인 물질은 4%가 되는 것이다. 이 수치들은 WMAP 위성에 의해 밝혀진 사실이다.

프리드만의 지적

처음에 아인슈타인이 정적인 우주를 생각했을 때, 러시아의 과학자 프리드만은 아인슈타인의 우주를 비판하였다. 그가 지적한 문제점은 아인슈타인의 우주가 너무 불안정하다는 점이었다.

아인슈타인의 우주는 우주 척력과 중력이 정확히 평형을 이루는 구조였다. 하지만 이러한 구조에서는 은하가 조금만 움직여도 우주의 안정은 깨어질 수 있었다. 은하뿐만이 아니라 별 하나가 사라지기만 하여도 우주 척력과 중력의 평형은 무너지고 우주는 급격히 수축하거나 팽창하게 된다. 도미노에서 하나가 무너지면 전체가 넘어지는 원리와 같다.

프리드만은 이와 같은 지적을 아인슈타인에게 편지로 보냈다. 그는 꼬박 2년이 흘러서야 '생각해보니 당신의 말이 맞는 것 같다' 는 아인슈타인의 불만 섞인 답장을 받을 수 있었다.

팽창우주론의 시초

은하가 멀어진다는 사실이 발견되기에 앞서 프리드만은 현재 빅뱅 이론의 모델인 팽창우주론을 발표하였다. 하지만 그가 발표한 과학잡지가 당시로서는 잘 알려진 잡지였음에도 그의 이론은 학계에서 주목을 받지 못했다. 이는 지금까지도 미스터리이다.

이 후 1927년, 벨기에의 목사인 르메트르는 프리드만의 내용과 거의 비숫한 내용의 논문을 발표하였다. 그렇게 하여 팽창우주론은 학계의 관심을 끌기 시작했다.

그 후 빅뱅 이론은 우주 팽창과 우주 배경 복사의 발견으로 학계에 더 확고히 자리 잡았다. 현재의 빅뱅 이론은 물리학자들의 이론과 천문학자들의 관측 결과로 계속 수정 보완되고 있다. 그동안 변화된 빅뱅 이론의 내용에는 어떤 것들이 있는지 알아보자.

13 physics

빅뱅 이론 이후의 모델

인플레이션(Inflation) 이론

인플레이션, 경제학에서 많이 들어본 용어이다. 인플레이션(Inflation)의 사전적 의미는 팽창이란 뜻이다. 경제학에서는 한 물품의 가격이 올라가면 다른 물건의 가격도 올라 물가가 상승한다는 뜻으로 쓰인다.

현대 우주론에서 인플레이션은 태초 우주의 급격한 팽창을 지칭하며 이러한 내용의 이론도 인플레이션 이론이라 부른다. 먼저 인플레이션 이론이 등장하게 된 배경부터 알아보자.

빅뱅 이론은 모든 것을 완벽히 설명하는 것 같았지만 몇 가지 문제가 있었다.

인플레이션

인플레이션(Inflation)의 사전적 의미는 팽창이란 뜻이다. 경제학에서는 한 물품의 가격이 올라가면 다른 물건의 가격도 올라 물가가 상승한다는 뜻으로 쓰인다.

■ 수소, 헬륨 문제

우주가 빅뱅 이론대로 팽창했다고 생각하면 우리 우주는 수소, 헬륨이 아닌 철로 가득 차 있어야 한다. 빅뱅 이론에서 태초의 온도는 수소 원자핵이 철까지 핵융합을 할 수 있을 만큼 뜨거웠기 때문이다. 우주가 대부분 수소와 헬륨으로 구성되어 있다는 사실은 우주의 온도가 어느 순간 갑자기 떨어졌다는 것을 시사한다.

■ 등방성 문제

지구에서 수신하는 우주 배경 복사는 완전히는 아니지만 놀랄 만큼 등방적이다. 즉, 어느 방향에서 수신을 해도 우주 배경 복사의 크기는 거의 일정하다는 것이다. 이는 상당히 미스터리한 점이다. 왜냐하면 우주의 크기는 빛이 140억 년 동안 이동해야 가로지를 수 있는 거리이고, 지금도 계속 팽창하고 있기 때문이다. 모든 배경 복사가 상호작용을 통하여 같은 온도가 되려면 서로 만나야 하는데, 우주는 이들이 서로 만나서 섞이기에는 너무 크다. 빅뱅의 팽창 속도는 빛의 속도보다 빨랐으므로(사건의 전달 속도가 빛보다 빠른 것은 아니다) 서로 멀리 떨어져 있는 물질이 상호작용하는 것은 매우 어려웠을 것이다. 이 현상은 욕조의 한 부분에 뜨거운 물을 붓자마자 그 반대쪽이 뜨거워지는 것과 같다.

위 문제들이 해결되는 방법은 태초의 우주가 어느 한순간에 엄청나게 크기가 커졌다고 가정하는 것이다. 우주가 갑자기 팽창하여 온도가 떨어졌다면 핵융합은 헬륨 단계에서 멈출 수 있었을 것이다.

등방성 문제 역시 해결된다. 처음의 작은 우주에서 물질들이 충분히 잘 섞여 있다가 일순간에 퍼지면 우주 배경 복사는 모두 같은 온도를 보이게 된다. 마치 찬물과 더운 물을 잘 섞은 후에 바닥에 넓게 뿌리면 뿌린 물의 온도는 별 차이가 없는 것과 같다.

이와 같은 정황으로 볼 때 대부분의 천체 물리학자들은 빅뱅 이후에 대규모의 급팽창(인플레이션)이 있었다고 믿고 있다.

인플레이션의 원동력은?

인플레이션을 일으킨 에너지는 어디서 나온 것일까? 과학자들은 상전이(相轉移)에서 그 해답을 찾고 있다. 상전이란 물질의 상태가 변하는 것을 말한다. 물이 액체에서 수증기로 변하거나, 얼음으로 변화하는 현상들이 그 예이다.

상전이가 일어날 때에는 에너지의 출입이 일어난다. 예를 들어 물이 얼음으로 변할 때에는 열을 방출하고, 수증기로 변할 때는 열을 흡수한다.

현재의 자연계에는 모두 4가지의 힘이 있다. 중력, 전자기력, 강력, 약력이다. 인플레이션 이론은 이 네 가지 힘들이 처음에는 하나로 존재했다고 말한다.

이들은 곧 차례로 분리되기 시작되었다. 처음 분리된 것은 중력이었다. 그 다음은 전자기력, 약력, 강력이 나누어지면서 엄청난 에너지가 발생하였다. 이 에너지는 우주의 급팽창을 이끌어 냈다.

어미 우주와 아기 우주

인플레이션 이론이 발표되자 일본의 사토박사는 우주는 번식할 수 있다고 발표하였다. 4가지 힘의 상전이가 모두 동시에 이루어지지 않을 수 있다는 가정에서였다.

마치 차가운 호수가 얼 때 모두 한꺼번에 어는 것이 아니라 호수의 여러 군데에서 얼기 시작하여 그것이 합쳐지는 것과 같은 원리이다. 즉 상전이는 반드시 한군데에서 일어나 퍼지는 것이 아니라 여러 곳에서 동시에 일어날 수도 있다는 뜻이다.

어느 한군데에서 상전이가 발생하면 그 주위에서도 상전이가 발생하게 된다. 상전이가 일어나는 곳은 우주가 생성되는 곳이다. 여러 곳에서 상전이가 일어나면 그만큼 여러 개의 우주가 생성되는 것이다. 새로 생성된 우주는 주위에 상전이를 유발시키면서 다른 우주를 창조해낸다. 이런 과정은 무한히 반복된다. 마치 우주가 동물처럼 번식하는 것이다. 우리 우주도 다른 우주에 의해 태어나고 다른 우주들을 태어나게 했을지 모른다.

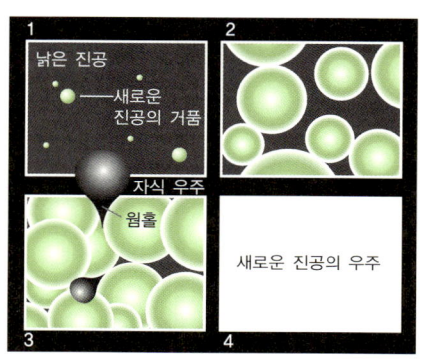

우주 주위에는 새로운 거품이 차례로 탄생한다. 이 거품은 또 다른 '자식 우주'로 발전한다. 이러한 방식으로 우주가 형성되면 거기로부터 무수한 자식 우주와 손자 우주가 태어난다.

한 우주와 새로 만들어진 아기 우주는 처음에는 웜홀로 연결되어 있을 것이라고 추측된다. 그러나 웜홀은 매우 불안하다. 두 우주는 웜홀이 사라지면 완전히 독립된다. 두 우주에서는 서로 연락할 방법이 없다. 따라서 우리 우주가 몇 대 손인지, 어떤 우주를 낳았는지 알 수 없다. 서로 단절되어 있기 때문이다.

아직 모르는 부분

힘들이 나누어지면서 발생한 막대한 에너지로 우주는 급팽창하였다. 이때가 빅뱅 후 10^{-43}초부터 10^{-28}초까지이다. 이 동안에 우주의 지름은 10cm로 커진다. 10^{-43}초 이전의 시간은 현대 과학에서 아직 설명하지 못한다. 따라서 인플레이션 이론은 우주 탄생 10^{-43}초부터 지금까지의 과정을 설명한 것이다. 빅뱅 이론이 우주 탄생 후 1초부터 지금까지의 과정을 설명한 것에 비하면 더 발전된 이론이다. 우주를 설명하기 위한 노력은 앞으로도 계속될 것이다.

우주의 팽창에 대해

우주의 끝

빅뱅 이론에 따르면 우리 우주는 계속 팽창하고 있다. 우리 우주가 팽창하고 있다는 말은, 우주의 크기가 무한하지 않다는 이야기이다. 그럼 우주의 끝은 어떻게 생겼을까? 우주의 바깥으로도 나갈 수 있을까? 우주의 바깥에는 뭐가 있을까? 하는 의문점들이 생길 것이다.

서기 2943년 7월 16일 오후 3시 20분, 우주의 끝을 탐사할 무인 탐사선 '콜럼버스' 호가 드디어 발사장을 떠났다. 콜럼버스 호는 우주의 끝을 찾아내 그 정체를 밝히는 것이 목적이다. 이제 콜럼버스 호는 몇 백 년 아니, 몇 천 년, 아니면 몇 백 억 년 후에야 돌아올 멀고 먼 여행을 떠났다.

오랜 시간이 흐른 후 우주의 끝을 탐사하기 위해 떠났던 콜럼버스호는 출발한 방향의 반대쪽에서 돌아왔다. 그러나 콜럼버스호의 메모리에는 우주의 끝에 관한 기록이 존재하지 않았다. 다만 계속 앞으로 나아갔을 뿐이라고만 되어 있다.

현대 천체물리학에서 위와 같은 사건은 지극히 당연한 일이다. 우주에는 끝이 존재하지 않기 때문이다. 끝도 없다면 무한하다는 이야기 아닌가? 콜럼버스호는 어떻게 자신의 자리로 돌아왔을까? 어떻게 우주는 유한할 수 있을까? 다음과 같은 실험으로 설명이 가능하다.

1. 풍선에 작은 점들을 찍는다.
2. 풍선을 분다.
3. 결과를 관찰한다.
∴ 결과 : 풍선이 커질수록 풍선 표면의 작은 점들이 서로 멀어진다.

간단한 실험이지만 여기서 우리 우주의 모습을 알아볼 수 있다. 풍선의 표면은 우주 공간이다(풍선의 내부가 아니라는 점에 주의). 작은 점들은 은하이다. 풍선이 커질수록, 즉 우주 공간이 팽창할수록 은하들 사이의 간격은 멀어진다. 멀리 있는 은하일수록 더 빠르게 멀어진다. 이때 주의할 점은 우리 우주를 풍선 표면으로 봐야 한다는 것이다. 풍선의 내부는 생각하면 안 된다.

풍선(구)의 표면에는 중심이란 것이 존재하지 않는다. 즉, 어느 곳을 중심으로 잡아도 상관없다. 마찬가지로 우리 우주는 중심이나 끝이 존재하지 않는다. 물론 풍선의 표면은 2차원이지만 우주는 더 높은 차원으로 구성되어 있다는 점이 다르다.

끝을 찾기 위해 계속 나아가면 원래 지점으로 돌아오게 되는 공간, 바로 우리가 사는 우주의 모습이다.

우주 팽창의 가장 작은 덩어리

우주는 팽창한다. 그렇다면 왜 태양계의 행성들은 먼 과거와 달리 멀어지지 않을까?

우주 팽창의 가장 작은 덩어리는 은하이다. 은하 내부의 물질들은 중력으로 붙잡혀 있어 팽창의 영향을 받지 않는다. 앞서 말한 풍선에서 은하들을 한 점으로 표현한 것도 이러한 이유에서이다.

또한 우주는 빠른 속도로 팽창하고 있지만 우주의 크기가 워낙 크기 때문에 키 170cm의 인간이 우주와 같은 비율로 팽창한다고 해도 80년 동안 겨우 2×10^{-17}m 커질 뿐이다.

허블 상수

우주가 멀어지는 속도는 거리에 비례한다. 이때 거리 당 팽창 속도의 증가율을 허블 상수라고 한다.

$$v = Hr$$

v는 은하의 속도, H는 허블 상수, r은 은하까지의 거리

허블 상수는 거리−속도 그래프에서 기울기를 나타낸다. 이를 통해 은하 속도는 거리에 정비례한다는 것을 알 수 있다.

허블이 발견한 식은 은하가 우리에게 멀리 떨어져 있을수록 더 빠르게 멀어진다는 내용을 담고 있다. 허블 상수의 크기가 클수록 우리 우주는 빠른 속도로 팽창한 것이므로 우주의 역사는 그만큼 짧은 셈이다.

일부 허블 상수 관측결과를 토대로 하면 우주의 나이는 80억 년 밖에 되지 않는다. 반면 오래된 별들의 집합인 구상 성단의 나이는 100억 년이 넘는다. 이는 어버이보다 자식이 먼저 태어나는 것과 같다. 우주가 생기기도 전에 별들이 어떻게 태어난단 말인가.

물론 여러 가지 측정상의 부정확함을 극복해야만 한다. 우주의 나이를 140억 년이라 한 것은 140억 년이 현재로서는 우주를 설명하기에 가장 적절하기 때문이다. 80억 년에서 200억 년까지 우주의 나이에 대해 다양한 추측이 있다.

허블의 공식($v = Hr$)

허블의 공식($v = Hr$)은 관측자가 보는 은하의 상대 속도이다. 우주에는 중심이 없기 때문에 이 공식은 어느 은하에서도 동일하게 적용된다.

우주의 질량

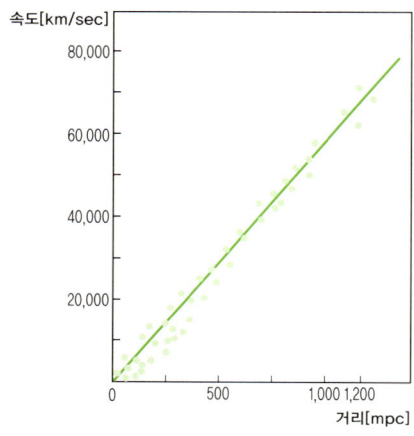

속도[km/sec]

80,000

60,000

40,000

20,000

0   500   1,000 1,200

거리[mpc]

은하들이 지구로부터 멀어지는 속도는 지구로부터의 거리에 비례한다. 이를 통해 우주는 팽창한다는 사실을 알 수 있다. 이 그래프의 기울기가 허블 상수이다.

우주의 질량(혹은 밀도)은 우주의 미래에 상당히 중요한 영향을 미친다. 우주의 질량이 중력의 세기를 결정하여 우주 팽창에 브레이크를 걸기 때문이다.

우주의 질량이 많아 중력이 세다면 우주는 언젠가 팽창을 멈추고 수축을 시작한다. 이 경우 모든 것이 하나로 뭉쳐지는, 빅뱅의 반대 현상인 빅 크런치(Big crunch, 대수축)가 일어난다. 빅 크런치는 우주의 종말로서 이후에 새로운 우주가 탄생할지, 어떤 일이 일어날지는 아직 알려지지 않았다.

우주의 수축, 팽창 여부를 나누는 우주의 밀도를 임계밀도라고 한다. 우주의 임계밀도가 낮으면 중력은 우주의 팽창을 막지 못한다. 우주는 영원히 팽창하며 밀도는 0에 가까워진다. 별들의 연료인 수소와 헬륨 등의 물질들도 소모되고 나면 새로운 별들을 만들 수 있는 재료가 없어지게 된다. 보통의 별들이 다 죽으면 이후의 우주에는 백색 왜성과 중성자 별들만 남는다. 이때의 우주를 축퇴 시대의 우주라 부른다. ─축퇴 상태는 물질이 높은 압력으로 뭉쳐 있는 것을 말한다. 축퇴 시대의 우주도 영원하지는 못해서 1조 년의 3제곱만큼의 시간이 흐르면 백색 왜성과 중성자 별들도 다 식어 빛을 내지 않게 된다.

암흑 물질, 암흑 에너지의 양에 따라

현재 우주의 관측된 물질의 양은 임계밀도에 비해 훨씬 낮은 양이다. 그러나 보이지 않는 물질, 암흑 물질의 양이 지금 보이는 물질의 양보다 훨씬 많다면 우주는 팽창을 멈추고 수축에 들어갈 수도 있다. 우주의 팽창 속도를 가속시키는 암흑 에너지의 양도 중요한 역할을 한다.

그러므로 우주의 미래를 예측하기 위해서는 암흑 물질의 강력한 후보인 뉴트리노의 정확한 질량과 그 양을 알아내는 것이 중요하다고 볼 수 있다. 하지만 아직까지 뉴트리노를 검출하는 일은 많은 기술을 요할 뿐만 아니라 뉴트리노의 정확한 질량조차 파악하지 못하고 있다. 암흑 에너지 역시 아직 그 정확한 실체조차 파악하고 있지 못하기 때문에 그 양을 아는 것은 매우 어려운 일이다. 우주에 얼마나 많은 암흑 물질과 암흑 에너지가 존재하는지는 물리학의 중요한 관심사이다.

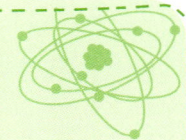

15 physics

물질과 반물질

반물질의 세계

우리의 세계는 물질로 이루어져 있다. 그러나 물질과는 반대의 성질을 가진 물질이 있다면 믿을 수 있겠는가? 실제로 물질과는 반대의 성질을 띠는 반물질이라는 것이 존재한다.

반물질은 한마디로 반(反)물질, 즉 물질과는 반대인 물질이다. 영어로는 anti-matter(anti는 반대를 뜻하고, matter는 물질이란 뜻)이라고 쓴다. 반물질은 겉보기에는 물질과는 완전히 똑같이 생겼다.

차이점 중의 하나는 반물질 원자핵은 음전하, 전자는 양전하를 띠었다는 것이다. 물질에서는 원자핵이 양전하, 전자가 음전하를 띤 것과 반대이다.

반물질의 발견은 우주에서 날아오는 입자들을 관찰하던 중 이루어졌다. 전하를 가진 입자들이 모두 한쪽으로 휘는 반면에 몇몇 입자가 반대 방향으로 휘는 것이었다. 휘는 정도는 다른 입자들과 동일했다. 이것은 전자와 반대전하를 가진 양전자로서 디랙(Paul Dirak, 1902~1984)이 1927년에 이미 이론적으로 예견했던 입자였다.

물질과 반물질이 만나면 격렬한 폭발을 일으키며 두 물질의 질량이 사라진다. 사라진 물질과 반물질의 질량을 $E = mc^2$에 대입하면 변환된 에너지를 구할 수 있다. 공간에 에너지가 가해지면 물질과 반물질이 같은 양만큼 생성된다. 그리고 이들은 쌍생성됨과 동시에 쌍소멸된다.

물질 세계의 미스터리

우리가 살고 있는 세계는 모두 물질로 되어 있다. 그런데 이는 굉장한 미스터리이다. 이론적으로 물질과 반물질은 같은 양만큼 쌍생성된다. 따라서 태초의 엄청난 에너지로 인해 만들어진 물질과 반물질은 같은 양만큼 생성이 되었어야 했다. 같은 양만큼 생성되었으므로 생성 직후 같이 소멸했어야 한다. 즉, 이론대로라면 우주는 태초부터 지금까지 물질과 반물질의 쌍생성, 쌍소멸만이 반복되었어야 한다. 그런데 우리가 알고 있는 세계는 물질로만 되어 있으므로 일부 과학자들은 저 먼 우주 어딘가에는 반물질로 된 세계가 존재하지 않을까 하는 의심을 품은 적이 있었다.

사실, 반물질로 된 세계에서 오는 빛도 우리에게는 물질에서 오는 빛과 똑같다. 빛은 반(anti) 빛을 가지지 않는 중성이기 때문이다. 빛뿐만 아니라 빛의 가족인 전파, 알파파, 감마파, 적외선 등 모두 자신의 반대를 가지지 않는 중성이다.

때문에 우리가 밤하늘에 보고 있는 천체 중 몇 가지는 반물질로 된 천체일 수도 있다는 것이 과학자들의 생각이었다. 어떤 이들은 우리의 물질 세계와 완전히 대칭인 반물질 세계가 어딘가에 존재한다고 믿었다. 그리고 그곳에서 나와 완전히 똑같지만 반물질로 이루어진 '안티 나'가 있을지도 모른다는 생각을 하게 되었다. 만약 그런 세계가 실제로 있다면 반물질의 '안티 당신' 역시 지금 당신과 똑같이 이 책을 읽고 있을 것인가?

그러나 이 학설은 그렇게 설득력 있어 보이지는 않았다. 만약 반물질로 된 천체가 있다면 우주에 가득 차 있는 소행성, 먼지입자 등 물질과의 상호작용을 통해 폭발과 함께 감마파라는 파장이 짧은 파를 내보내야 하는데 아직 그런 현상이 관측되지 않았기 때문이다. 그러므로 우리 우주는 물질로만 차 있다는 것이 확실시된 셈이다.

그렇다면 어째서 세계는 물질로만 차 있을까? 반물질들은 모두 어디로 갔을까? 과학자들은 이에 대한 해답을 찾기 시작했다.

자연은 완전 대칭을 싫어한다.

화살을 지면에 대해 정확히 수직으로 쏘아 올려보자. 화살은 어느 높이까지 올라가다가 뒤집어져서 다시 그 자리로 떨어질 것이다. 화살이 최정점에 올랐을 때 어느 방향으로 화살이 돌지는 아무도 모른다. 왼쪽으로 돌 수도 있고 오른쪽으로 돌 수도 있다. 음료수 캔을 높이 쌓았을 때 캔들이 어느 쪽으로 쓰러질지도 알 수 없다.

이처럼 자연계에서 완전한 대칭 현상은 잘 일어나지 않는다. 반물질과 물질의 생성도 마찬가지다. 이론상으로는 물질과 반물질이 정확하게 같은 수만큼 생성되었어야 하지만 우연히 물질이 반물질보다 약간 더 많이 생성되었다고 한다. 이 수치는 반물질이 10억 개 생성될 때, 물질이 10억 개와 하나 더 생성되는 비율이었다.

우리가 지금 만지고 있는 모든 물질 하나하나는 모두 로또 1등보다 더 희박한 1/20억의 확률로 살아남은 것임을 기억해야 할 것이다.

유용한 반물질

반물질을 우리가 사용할 수 있다면 실로 유용할 것이다. 약간의 반물질이 물질과 결합하면서 발생하는 엄청난 에너지는 고유가 시대를 살아가는 우리들에게 매력적인 존재이다.

다만 물질과 반물질의 융합 과정에서 생겨나는 여러 가지 고에너지 전자기파들을 차단하는 장치가 필요하기는 하다. 반물질이 물질과 격렬하게 반응하는 것도 문제이다. 반물질을 공기 중에 놔두면 공기와, 병 안에 놔두면 병을 이루는 물질과 결합하여 핵폭탄에 버금가는 폭발을 일으킬 것이기 때문이다.

이에 대한 대안으로는 반물질을 띄우는 방법이 있다. 아직 실현되지는 않았지만 반물질을 강한 자기장이나 초전도체 등으로 공중에 띄어둘 수 있다고 생각하는 과학자들이 많이 있다.

또 다른 문제는 반물질을 구하기가 힘들다는 점이다. 반물질은 실험실에서 극미량 만들 수 있지만 생성과 동시에 물질과의 반응으로 사라지고 만다. 반물질 입자 하나도 건지기 어려운 상황에서 반물질 덩어리를 구하는 일은 더더군다나 어려운 일이다.

과학자들은 반물질이 에너지난을 해결할 수 있다고 기대하지는 않는다. 현재로서는 장기간의 우주여행 등과 같이 많은 연료를 필요로 하는 곳에서 약간의 반물질을 오랫동안 사용할 수 있도록 하는 목적이 더 크다. 이 목적만 달성되어도 우주 탐사는 훨씬 간편해질 것이며 일부 운송수단에서는 무거운 연료를 싣고 다니지 않아도 되기 때문에 연료비가 훨씬 절감될 것이다.

반물질을 만드는 방법을 알아내고, 이를 실용화시키는 일은 미래 과학자들의 몫이다.

과학과 신

요즘에는 신이 없다는 주장이 마치 트렌드처럼 유행이다. 그 대표선상에는 리처드 도킨스가 있다. 〈이기적 유전자(Selfish Gene)〉로 널리 알려진 리처드 도킨스는 〈만들어진 신(The God Delusion)〉에서 신이 존재한다는 증거가 없으며, 종교는 여러 재앙을 일으키기 때문에 신이 없다고 생각하는 것이 더 합리적이라고 주장한다. ─여기서의 신은 인격신을 말한다. 실제로 도킨스의 말처럼 종교는 많은 모순을 낳는다. 여러 전쟁, 테러, 학살 등이 종교라는 이름으로 자행된다.

그러나 과연 이런 이유를 인격신이 존재하지 않는다는 증거로 사용할 수 있을까?

과거에는 모든 것이 신을 통해 설명되었다. 과학이 발달하면서 인격을 가지지 않은 자연 법칙에 의해 모든 것이 설명되자 신의 존재는 점차 부정되기 시작하였다.

현재의 과학은 과거에 비해 매우 발달된 상태이다. 세상의 태초부터 원자보다 작은 세상까지 여러 가지 법칙들이 발견되었다. 현재 과학을 배우는 사람들은 신은 없다고 생각하는 경우가 많다. 단순히 신은 인간이 의지하기 위해 만들어낸 존재라는 것이다. 과학은 분명 전지전능할 만큼 모든 것을 설명할 수 있다. 그러나 과연 신의 존재를 부정하는데 사용될 수 있을까?

가장 먼저 생각해야 할 것은 과연 신이란 무엇인가 하는 문제이다. 여러 종교, 신화에는 신이 나온다. 그러나 신이 과연 그들 중의 하나이어야만 할까? 진짜 신은 지금 존재하는(혹은 존재했던) 종교에서 다루는 신이 아닐 수도 있지 않을까? 또 신은 반드시 도덕적이어야만 할까? 단순히 전지전능한 존재를 신으로 정의할 수도 있지 않을까?

무신론자들의 주장에는 여러 가지가 있다. 그 중 하나가 세상에는 너무도 불합리한 일이 많이 일어난다는 것이다. 세계 여러 곳에서는 쓰나미, 지진, 홍수 등으로 인해 신을 알지도 못하는 수많은 사람들이 고통스럽게 죽어간다. 신이 있다면 그런 광경을 그냥 지켜보고만 있지 않을 것이라는 주장이다.

이는 우리가 평소 많이 기대하는 신의 모습이다. 전지전능한 신이 도대체 왜 이런 부조리를 두고 볼까? 하지만 신이 우리가 기대하는 바로 그 모습이 아닐 수도 있다. 전지전능한 그 존재가 굳이 이런 부조리를 고칠 필요성을 못 느낀다거나, 이런 모습을 즐기고 있다고 생각해 보면 어떨까?

사실 우리의 능력으로 신에게 접근한다는 자체가 모순일 것이다. 신이 전지전능하다면 그의 뜻도 전지전능할 것이다. 인간은 우리가 알고 있는 존재 중에 가장 똑똑하기 때문에 이 세상에서 가장 똑똑한 존재라고 자부하고 있다.

만일 우리가 불개미 같은 존재라고 생각하면 어떨까? 그리고 신을 인간에 비유하는 것이다. 불개미는 오직 자신의 본능에 따라 움직인다. 만일 불개미가 길을 잃었고 이를 본 인간이 불개미를 집으로 데려다 주기 위해 불개미를 잡았다고 하자. 불개미는 인간이 자신을 죽인다고 생각하고 필사적으로 저항할 것이다. 물론 인간의 의도는 그것이 아니지만 불개미는 인간을 이해하지 못한다.

이런 불개미-인간의 관계를 인간-신의 관계에도 적용시켜 볼 수 있을 것이다. 우리의 논리에 비해 신의 생각은 우리가 접근하지 못할 만큼 높은 수준일 수 있다. 우리가 보는 모든 현상과 사건들은 우리가 보기에는 비합리적으로 보일지 몰라도 신의 마음에서는 어떤 뜻이 있어서 행해지는 것일 수 있다. 물론 이는 '초논리(超論理)'로서 인간의 논리로는 이것을 이해하는 것이 불가능할 것이다.

또한 우리가 옳다고 믿는 사실들이 실은 옳지 않을 수 있다. 우리 세상이 허상이라면 어떨까? 사실 우리는 깊은 꿈이나 가상현실 속에 살고 있는 것이다. 신은 이런 우리를 보며 즐거워할지도 모른다. 물론 이런 허상 속에서 우리는 신의 존재에 대해 확신할 수 없다. 우리가 보는 모든 모습들이, 듣는 소리가 사실 신이 우리의 마음을 조작하는 것일 수도 있지 않을까?

분명한 것은 신이 있다고 생각해도, 없다고 생각해도 말이 된다는 것이다. '과학이 완벽하기 때문에 신이 없을 것 같다. 신이 없어도 모든 것이 말이 된다', 또는 '신이 있으면 이런 일이 일어나야 한다'라는 생각은 개인적인 추정에 불과하다. 결국 신의 존재는 증명 불가능한 것이다.

나는 신이 있다고 주장하는 것도, 없다고 주장하는 것도 아니다. 다만 인간인 우리가 알 수 없다는 것이다. 신의 존재에 대한 문제는 과학적인 문제와 별개이므로 순전히 개인적인 판단에 맡겨야 한다고 생각한다. 신이 있다고 생각하는 것도, 없다고 생각하는 것도 존중한다. 자신의 생각을 설득할 수는 있어도 강요할 수는 없다. 어떤 사람은 신이 있다고 생각한다. 물론 이를 뒷받침할 만한 과학적인 증거를 찾지 못했다고 해도 옳다고 하는 것이 믿음 아니겠는가?

비판적 사고

보통 비판적 사고를 부정적 시각이나 남을 미워하고 비난하는 사고 방식이라고 생각하는 경우가 많다. 그러나 과학이나 수학과 같은 학문을 배울 때에는 왜 그런가에 대해 따져보는 비판적인 사고가 반드시 필요하다.

과학과 수학에서의 비판적인 사고란 '왜?'라는 질문이다. 과학을 배우는 사람으로서 나쁜 버릇 중 하나는 바로 과학 수업 내용에 대한 무차별적인 수용이다. 우리는 과학에 관한 설명을 들을 때, 감탄하지 말아야 한다. 설명을 들으며 왜 그런지 따져보고 자신의 지식으로 만들어야 한다. 이유는 모르고 공식이나 내용만 암기하면 과학 실력의 증진은 기대할 수 없다. 왜라는 질문을 끊임없이 하고 원리를 이해하면 응용되는 내용 역시 쉽게 접근할 수 있다.

이는 비단 과학 수업에서만 적용되는 내용은 아니다. 우리 일상생활에서 볼 수 있는 현상들 역시 위와 같이 원리를 이해하는 자세가 필요하다. 생활에 있는 당연해 보이는 현상들, 예를 들면 물체가 떨어지거나 전등에서 빛이 나오거나 하는 수많은 현상들을 우리가 과학적으로 설명하려는 자세를 가진다면 과학적인 감각을 가지게 된다. 그리고 이 감각은 우리가 과학을 훨씬 쉽게 이해할 수 있도록 도와준다. 이 과정은 여러분이 논리적으로 생각할 수 있도록 해준다. 따라서 과학 외에도 수학, 영어, 논술 등 논리를 요구하는 학문에서의 이점도 생길 것이다.

비판적 사고의 예를 들어보자. 나는 라면을 좋아해 자주 끓이는데 여기에도 많은 과학 원리들이 숨어있다. 먼저 물을 붓고 물이 끓을 때까지의 과정을 보자. 어느 정도 뜨거워진 물을 보면 냄비에 작은 기포들이 붙어있는 것을 볼 수 있다. 우리는 학교에서 액체는 끓는다는 것을 배웠다. 그런데 왜 물이 끓기 전에 미세한 기포들이 생기는 걸까? 그것은 과연 수증기일까? 대부분의 사람들은 그 기포들을 그냥 무시하고 생각조차 하지 않을 것이다. 그러나 비판적 사고를 가진 사람들은 다르다. 그들은 나름대로 생각을 해본 뒤에 가설을 세울 것이다. 그리고 책, 인터넷을 찾아보고 과학을 잘 하는 사람에게 물어볼 것이다. 그리고 그것들이 수증기 방울이 아닌 물에 녹아있던 공기라는 사실을 알아낼 것이다.

라면을 끓일 때 또 하나 눈여겨볼 현상이 있다. 끓는 물에 가루 스프를 한꺼번에 넣으면 물이 갑자기 끓어 넘치는 현상이다(특히 건더기 스프가 들어가지 않은 맹물에). 나 역시 급한 마음에 고춧가루 스프를 한꺼번에 털어 넣었다가 물이 끓어올라 가스레인지가 꺼진 적이 있었다. 반면, 스프를 천천히 넣으면 오히려 끓었던 물이 순간적으로 끓지 않는다. 이 역시 비판적 사고를 하지 않는 사람은 간과할 일이지만 비판적 사고를 하는 사람들은 이 현상에 대해 의문을 갖는다. 그리고 물질이 융해될 경우 물 분자간의 인력이 작아져 끓는점이 낮아진다는 결론을 얻어낼 수 있을 것이다.

라면을 이제 다 끓여 불을 끄면 또 신비한 현상이 일어난다. 라면을 끓일 때는 보이지 않았던 증기가 불을 끄자마자 라면에서 피어오르는 것이 아닌가? 이 역시 비판적 사고를 지닌 사람은 기화된 물 분자가 식어버려 액화된 현상임을 알 수 있다.

이 외에도 우리 주변에서는 형광등, 디카, 스탠드 등 과학적 원리를 찾을 수 있는 사물들이 매우 많다. 주위에서 이해되지 않는 현상을 볼 경우, 생각하라. 고민하라. 그리고 답을 찾아내라. 훌륭한 과학 업적은 사소한 질문에서 출발한 것이 많다는 사실을 잊지 말기 바란다.

★ 꼬인 우주

뫼비우스의 띠를 아는가? 뫼비우스라는 수학자가 발견한 이 띠는 한 부분이 꼬여있다. 뫼비우스의 띠는 집에서도 쉽게 만들 수 있다. 종이를 길게 잘라 한번 꼬아서 반대쪽에 이어붙이면 된다.

손가락을 뫼비우스 띠의 한 면에 놓고 한 바퀴를 돌아보라. 한 바퀴를 돈 당신의 손가락은 처음 출발했던 면의 반대쪽에 위치할 것이다. 뫼비우스의 띠에서는 한 면에서 시작한 선이 띠를 한 바퀴 돌아오면 출발한 방향의 반대 면에 위치한다.

만약 우주의 구조가 이러하다면 어떻게 될까? 앞서 언급한 대로 우리 우주는 구의 표면과 같다. 이 구 표면의 어느 한부분이 꼬여 있다면 어떤 일이 벌어질까?

한 우주 여행사가 지구에서 계속 날아가 우주를 한 바퀴 돌았다고 생각해보자. 우주 비행사가 다시 원래의 자리로 돌아왔을 때는 우주 비행사의 모습은 원래 모습의 '반대'가 될 것이다. 꼬여버린 우주를 통과했기 때문이다.

그렇다면 오른손잡이였던 사람이 우주를 한 바퀴 돌고 오면 왼손잡이가 되어 있을 것이다. 이 모습은 마치 거울 속의 자신의 모습과 같다. 모든 것은 같지만 대칭인 모습이다.

실제로 우주가 꼬여있는지 꼬여있지 않은지는 직접 우주인을 보내기 전까지는 알기 힘들 것이다.

출발

도착

chapter 5

현대 물리학의 산

The Mountain of Contemporary Physics

해발
6,823m

지금까지의 산들 중에서 가장 높다. 가는 길 역시 가파르다. 중간 중간에 절벽과 구덩이가 패여 있다. 지금까지 여러분이 한번도 보지 못한 여러 가지 돌들과 식물, 동물들이 보인다. 넋을 놓을 정도로 모든 것들이 신비롭고, 신기하다. 조금은 힘들지만 등산하는 데 새로운 풍경을 보는 재미가 있다.

01 physics

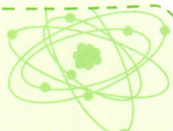

양자역학의 탄생

양자역학이란?

지금까지 살펴본 물리학은 원자보다 큰 세상에서 벌어지는 현상이었다. 그렇다면 그보다 작은 세상에서는 어떤 일이 벌어질까?

'작은 세상'의 운동은 우리가 평소 보던 모습과는 다르다. 이런 작은 입자들은 고전역학도, 상대성 이론도 잘 따르지 않는다. 이런 세상은 **양자**(가장 작은 에너지의 덩어리)역학이라는 도구를 통해 들여다봐야 한다.

양자역학의 출발은 아인슈타인으로부터

양자역학은 아인슈타인의 광전 효과 원리로부터 출발한다. 양자역학의 출발점이 빛은 파동이자 입자라는 사실을 밝혀낸 광전 효과에 있기 때문이다. 빛이 파동이자 입자라는 사실을 통해 독일의 막스 플랑크는 에너지는 작은 덩어리들로 되어 있다는 양자 이론을 제창하였다.

양자역학은 물체의 정확한 운동 상태를 알 수 없다고 말한다(작은 물체들을 관찰하기 위해 빛을 쏘이면 빠른 속도로 튕겨져 나간다). 따라서 입자들의 위치는 확률로밖에 나타낼 수 없다고 한다. 이런 양자역학에 대해 아인슈타인은 '신은 주사위놀이를 좋아하지 않는다.'며 이를 부정했다. 그 후 약 30여 년간 아인슈타인과 다른 물리학자들 사이에 논쟁이 있었다. 아인슈타인은 양자역학을 혐오하였지만 결국 승리는 양자역학 과학자들에게 돌아갔다.

양자역학의 기본 내용

어쨌든, 양자역학에서 가장 기본이 되는 내용은, '모든 물체는 입자이자 파동이며 에너지는 양자라는 작은 단위로 이뤄졌다'라는 사실이다. 이 내용은 우리에게는 매우 낯설어 보일 것이다. 파동과 입자는 별개의 것으로 보이기 때문이다. 또 우리 주위의 물체는 파동의 성질이 겉으로 드러나 보이지 않기 때문이다. 물체가 파동인 동시에 입자라는 내용은 아주 '작은' 세상에서만 성립된다. 이후에 보겠지만 물체의 파동성은 질량에 반비례하기 때문이다.

그렇다면 작은 물질은 어떻게 파동인 동시에 입자일 수 있을까?

사실 입자와 파동의 성질을 동시에 가진다는 것은 물체가 어떤 상황에서는 입자의 특성을 나타내고, 다른 어떤 상황에서는 파동의 특성을 드러낸다는 뜻이다. 입자의 성질에는 운동량, 충돌 등이 있고 파동의 성질에는 간섭, 회절, 진폭, 진동수 등이 있다. 어떤 실험을 하느냐에 따라 나타내는 성질이 달라진다. 이런 특성을 설명하기 위해 양자역학을 연구하는 과학자들은 빛이 '입자인 동시에 파동이다' 라고 말한다.

마치 두 얼굴의 사나이를 어느 쪽에서 빛을 비추느냐에 따라 그 모습이 달라지는 것과 비슷한 원리이다.

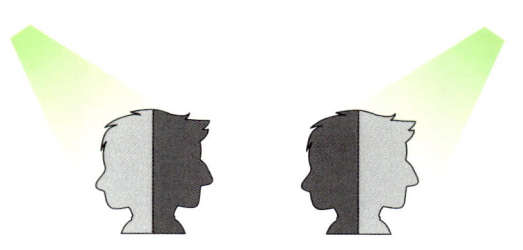

두 얼굴을 가진 사나이는 어느 쪽에서 빛을 비추느냐에 따라 얼굴이 달라진다. 물질 역시 어떤 관측을 하느냐에 따라 그 성질이 다르게 보인다.

양자역학의 시발점 - 빛과 온도

양자역학의 출발이 되는 의문은 독일에서 시작되었다. 프랑스와 독일 간의 보불전쟁에서 독일은 프랑스의 철광석 생산지인 알자스-로렌(Alsas-Loren) 지방을 획득하였다. 훌륭한 철광산을 얻은 독일의 철광 산업은 비약적으로 발달하였다.

쇠는 달구어지면 빛을 발산한다. 독일 과학자들은 철이 처음에는 빛을 내지 않다가 온도가 올라갈수록 빛을 내고 그 색도 온도에 따라 달라진다는 점에 주목했다. 과학자들은 온도와 빛의 관계에 대한 연구를 시작했다. 과학자들은 정확히 어떤 온도에서 어떤 빛이 나오는지 알고 싶었다.

물체의 특성

어떤 온도에서 어떤 빛이 나오는지에 대한 궁금함은 쉽게 풀릴 것처럼 보였다. 한 물질을 점차 가열시키면서 나오는 빛을 관찰하면 되기 때문이었다. 문제는 실험 대상이 되는 재료를 얻는 것이었다. 모든 물질은 자신만의 특성을 가지고 있다. 같은 온도라 할지라도 물질들은 고유의 색을 낸다. 예를 들어 나트륨(Na)은 온도가 올라가면 주로 노란색 빛을 낸다. 루비듐(Rb)은 주로 빨간색 빛을 내보낸다. 물질의 이러한 특성으로 인해 미지의 물질에 어떤 원소가 포함되어 있는지는 알 수 있지만 순수하게 온도에 따른 빛의 진동수 변화를 알아내는 데는 어려움이 있다.

1859년 키르히호프에 의해 물질은 자신이 뜨거울 때 내보내는 빛을 차가울 때 흡수한다는 결정적인 사실이 밝혀졌다. 백색 광선을 차가운 나트륨 기체에 통과시켜 분해한 스펙트럼에는 나트륨의 고유색인 노란색이 빠져 있었다. 나트륨이 자신의 고유색을 흡수했기 때문이었다.

그렇다면 자신의 고유색을 전혀 가지지 않는 물질은 모든 빛을 흡수하는 성질을 가진 물질, 즉 완벽히 검은 물질이어야 한다. 물질은 온도가 높을 때 내는 빛을 온도가 낮을 때 흡수하기 때문에 모든 빛을 흡수하는 물질(검은색 물질)은 온도가 높을 때 모든 빛을 방출할 것이기 때문이다. 이러한 이상적 흑체가 있어야만 열에 의해 방출되는 빛에 대한 정확한 실험을 할 수 있을 것이다.

흑체를 찾아서

과학자들은 완벽히 검은 물질을 찾아 나섰다. 이 물질을 흑체(黑體, black body)라고 지칭하였는데 말 그대로 검은 물질인 셈이다. 탄소, 흑연 등 검다고 생각되는 수많은 물질들을 대상으로 실험했지만 이상적인 물질은 없었다.

독일 국립물리공학연구소의 빈(W. Wien, 1864~1928)의 천재성이 이때 발휘되었다. 검다는 것은 모든 빛을 흡수한다는 뜻이다. 많은 사람들이 검은 물질이 흑체라고 생각하였지만, 빈은 색이야 어찌되었든 모든 빛을 흡수만 하면 된다고 생각했다. 그는 상자 내부에 유리와 같이 빛을 반사해내는 물질을 칠하고는 작은 구멍을 뚫었다. 이것이 어떻게 흑체일 수 있을까?

이 세상에 반사율이 100%인 물질은 없다. 어떤 물질이던지 빛은 반사되면서 조금씩 흡수된다. 검은 상자 안에 들어온 빛이 셀 수 없이 반사되는 과정을 통해서 그 일부가 상자에 흡수된다. 결국에는 작은 구멍을 통해 상자 안에 들어간 모든 빛이 상자에 완벽히 흡수되는 것이다. 방법이 조금 다르긴 했지만 어쨌든 완벽한 흑체였다. 이 상자를 이용한 실험결과는 과학자들의 예상과 일치했다.

난관에 봉착

빈이 생각해낸 검은 상자로 인해 온도에 따라 생기는 빛들 중 가장 많이 나오는 파장의 빛은 예측할 수 있게 되었다. 그러자 과학자들은 이런 사실 뿐만 아니라 빛의 전체적인 스펙트럼 모양을 알고 싶어 했다.

물체는 특별한 경우를 제외하곤 여러 가지의 빛을 같이 내보낸다. 예를 들어 태양이 내는 노란색 빛은 노란색으로만 이루어진 빛이 아니라 빨주노초파남보 7가지의 색과 눈에 보이지 않는 자외선, 적외선이 적절히 섞여 이루어졌다. 뜨거운 물체도 마찬가지다. 가장 많은 양을 내보내는 빛(태양광의 경우는 녹색)은 빈의 법칙으로 쉽게 알 수 있다. 과학자들은 그 보다 길거나 짧은 파장(즉, 더 낮거나 높은 진동수)을 지닌 빛의 양을 예측할 수 있는 법칙을 찾아내고 싶었지만 한동안 완전한 답을 찾아내지 못했다. 과학자들이 이 해답을 찾아내기까지의 과정을 간략히 알아보자.

빈과 레일리

빈은 이 연구에서도 많은 업적을 남겼다. 빈은 짧은 파장(흰색에서 파란색)에서 전체 스펙트럼을 알아내는 식을 만들었다.

검은 상자가 열을 받으면 내부의 기체 분자들이 빠르게 진동할 것이다. 빈의 식은 검은 상자에서 나오는 빛을 진동하는 분자와 같이 생각해서 만들어졌다. 빈의 생각은 짧은 파장의 빛은 정확하게 설명할 수 있었다. 하지만 긴 파장으로 갈수록 관측 값과 예측 값의 차이가 벌어졌다. 이 공식을 짧은 파장의 빛에 적합한 공식이란 뜻으로 '청색 공식'이라 부른다.

레일리(J. W. S. Rayleigh, 1842~1919)는 그 당시 정설로 받아들여지던 빛의 파동설을 바탕으로 검은 상자를 설명하려 했다. 검은 상자 안에는 여러 진동수를 가진 파동이 있을 것이다(다만, 그 파동들의 양 끝부분은 진동하지 않는다). 각각의 파동에는 모두 동일한 양의 에너지가 분배된다고 가정하였다. 그리하여 레일리는 긴 파장의 빛에 적용되는 식을 만들었다.

레일리의 공식은 긴 파장의 빛은 잘 예측할 수 있었다. 그러나 짧은 파장의 빛은 설명해내지 못하였다. 레일리의 공식은 적색 공식(적색 부근의 빛만 설명하므로)이라고 불렸다.

뿐만 아니라 레일리의 방식은 모순을 가지고 있었다. 검은 상자 안에 있는 파동은 마디가 1개인 것, 2개인 것, 3개인 것 … 해서 무수히 많은 파동들이 존재한다. 이 모든 파동들에게 동등한 에너지를 나누어 주려면 검은 상자는 무한히 많은 에너지를 필요로 할 것이다. 하지만 무한한 에너지는 존재할 수 없으므로 이 공식은 완벽하다고 할 수 없다.

레일리의 공식에는 다른 문제도 있었다. 레일리의 방식대로 생각한다면 물체가 낮은 에너지를 가질 때에는 전혀 복사를 일으키지 않다가, 일정 양 이상의 에너지를 가져야 한꺼번에 짧은 파장의 빛으로 내뿜는 현상이 발견되어야 한다. 이 현상을 자외선 파탄(ultraviolet catastrophe)이라 부

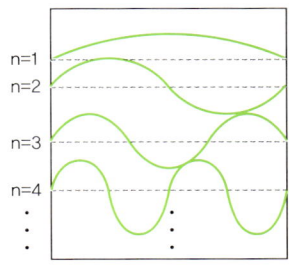

른다. 하지만 이러한 현상은 실제로 관측되지 않아 레일리 이론의 문제점으로 지적되었다.

과학은 언제나 포괄적인 식을 원한다. 그러나 두 과학자 모두 국소적 범위에서만 적용되는 식을 만들어냈다. 한동안 과학계는 이 문제로 인해 골머리를 앓았다.

막스 플랑크

난관의 종착은 막스 플랑크(M. Planck, 1858~1947)가 찍었다. 막스 플랑크는 레일리의 공식이 가진 모순을 해결하기 위해 노력하였다.

먼저, 플랑크는 빛을 하나의 에너지 덩어리(양자)로 생각하였다. 그리고 광양자는 입자이기 때문에 광양자의 에너지는 어떠한 비례상수를 통해 불연속적으로 존재할 것이라고 가정했다. 이를 수식화하면 다음과 같다.

$$E = nhv$$

E 는 빛의 에너지, h 는 플랑크 상수, v 는 빛의 진동수
n 은 자연수, 즉 광자의 개수 / hv 는 광자 하나당 에너지

진동수 v 에서의 빛에너지가 양자로 존재한다는 플랑크의 착안은 검은 상자 문제를 해결하였다. 레일리는 검은 상자 안의 수많은 파동들에게 빛에너지를 공평하게 배분한다고 가정하였다. 반면, 플랑크의 방식대로 빛을 진동수에 비례하는 알갱이로 본다면 높은 진동수의 빛이 나오려면 높

은 에너지가 필요할 것이다. 검은 상자 안의 에너지가 충분히 많지 않다면 짧은 파장의 빛은 레일리의 공식처럼 많이 생성되지 않을 것이다.

빛에너지가 불연속적이라는 사실은 당시 과학자들에게 큰 충격이었다. 진동수가 v인 빛의 에너지는 $1hv$, $2hv$, $3hv$와 같이 불연속적인 값을 지닌다. 에너지는 $1.5hv$나 $2.274hv$와 같은 값을 지닐 수는 없다. 양자의 불연속성은 마치 햄버거 가게에서 음료수를 살 때 small, medium, large 중에서 하나를 선택하는 것과 같다. 음료수를 small과 medium의 중간만큼만 선택할 수는 없다. 때문에 양자역학에 따르면 빛에너지는 모든 범위의 에너지를 가지지 못하고 불연속적인 에너지를 가지고 있다. 하지만 실제 생활에서 빛은 모든 범위의 에너지를 낼 수 있는 것처럼 보인다. 아주 작은 양자들이 많이 모이다 보니 초정밀 관측기구를 가지고 보지 않으면 그 값이 연속적인 것처럼 보이는 것이다.

드 브로이의 물질파 – 물질도 파동

당시까지 파동으로 여겨지던 빛이 입자일 수도 있다는 사실이 밝혀지자, 보어는 전자 역시 파동이라고 주장했다. 전자가 물질인 동시에 파동이어야만 원자 구조가 설명되기 때문이다. 그러나 이를 수용적인 입장에서 보는 과학자는 드물었다. 이러한 분위기 속에서 프랑스의 드 브로이(De Brogile, 1892~1987)는 파동으로 생각되던 빛이 입자의 성질을 지녔다면, 지금까지 입자로 여겨지던 것이 파동으로 여겨질 수 있지 않을까 하는 의문을 갖게 되었다. 그는 물체의 파동은 운동량에 반비례한다고 생각하였다. 따라서, 드 브로이는 물질파 파장 λ가

$$\lambda = \frac{h}{mv}$$

λ는 물질파 파장, h는 플랑크 상수, m은 질량,
v는 속도, 질량과 속도를 곱한 값은 운동량

와 같이 표현된다고 생각하였다. 파동의 성질이 운동량에 반비례한다면 질량이 작고 느린 물체일수록 파동성이 강할 것이다.

2 physics

양자역학의 특성

보는 것은 곧 방해하는 것 - 양자역학의 세계

물체를 본다는 것은 물체에 반사된 빛 입자를 시신경이 감지하는 과정이다. 일상생활에서는 빛이 비춰져도 물체의 운동은 변하지 않으므로 고전역학에서 빛을 쏘아 관측한다는 것은 별다른 의미를 갖지 않는다.

하지만 좀 더 작은 세상으로 들어가면 이야기는 달라진다. 무게가 가벼운 전자는 빛에 의해 심한 운동 방해를 받는다. 그러므로 우리가 빛을 통해 전자를 관찰한다면 전자는 그 빛에 의해 튕겨져 나가 이미 그 자리에 존재하지 않는 것이다. 전자가 광자에게 밀려, 반사된 광자가 우리 눈에 들어올 때 쯤 되면 전자는 저 멀리 날아가 있다.

이때 전자가 날아가는 경로는 예측할 수 없다. 그러므로 전자가 대략 어느 공간 정도에 있다고는 말할 수 있어도 그 정확한 위치는 기술할 수 없다. 그러므로 양자역학에서는 전자의 위치를 확률로밖에 예측할 수 없다고 말한다. 관찰이 불가능하기 때문이다.

전자로 축구를

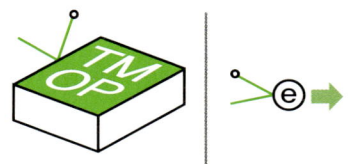

일반적인 물체(왼쪽)는 광자가 부딪혀도 별 영향이 없지만, 전자와 같이 작은 물체(오른쪽)는 광자가 부딪히면 운동 상태가 변한다.

축구공은 보는 순간 어느 자리에 있는지 알 수 있지만, 전자는 관측에 의해 튕겨져 나가므로 어디에 정확히 있는지 알 수 없다. 이러한 특성은 흔히 전자로 하는 축구의 예로 비유된다.

전자를 축구공으로 사용해 축구를 한다고 하자. 보통의 축구공은 공을 차는데 별 어려움이 없다. 하지만 전자 축구공은 차려고 하면 헛발질을 할 뿐이다. 보는 순간 그 자리에서 사라지기 때문이다. 반면 골키퍼도 모르는 사이에 골대 안에 들어와 있을 수도 있다. 운 좋게 어떤 선수가 공을 찼다 해도 공의 경로는 예상할 수 없다. 전자 위치의 불확정성을 부각하기 위한 예이다.

양자역학

새로운 생각은 현상에 대한 의문에서 출발한다. 뉴턴은 천체의 운동에 관한 의문을, 아인슈타인은 빛의 속도와 시간에 관한 의문을 가짐으로써 물리학의 새로운 분야를 개척했다.

양자역학 역시 마찬가지다. 발달된 물리학을 바탕으로, 과학자들은 지금까지 그냥 지나쳐 왔던 현상들에 대해 관심을 가지기 시작했다. 이로 인해 현대 물리학의 새로운 지평을 연 양자역학(Quantum Mechanics)이 태어날 수 있었다.

그러면 과학자들이 이 분야에서 관심을 가진 현상은 무엇이었을까? 또 양자역학은 어떤 학문일까? 지금부터 본격적으로 더 깊게 알아보도록 하자.

03 physics

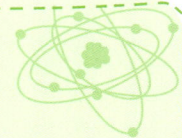

불확정성과 확률

빛의 회절, 간섭 실험

빛이 파동의 성질을 지닌다는 사실은 빛을 미세한 구멍으로 쏘았을 때 나타나는 회절과 간섭 현상으로 쉽게 알 수 있다. 회절, 간섭 실험을 위해서는 두 개의 판과 한 개의 스크린이 필요하다. 먼저 판에 작은 슬릿(좁다란 틈새)을 만든 후 빛을 쏜다. 이때 빛은 회절, 즉 틈새에서 퍼지게 된다. 퍼진 빛은 다른 판의 이중 슬릿을 통과한다. 슬릿을 통과한 빛은 스크린에 간섭 모습을 만든다. 1807년 영국의 토마스 영(Thomas Young, 1773~1829)에 의해 이 실험이 이루어졌다.

회절과 간섭은 파동만의 특성이다. 따라서 이 실험만 놓고 본다면 빛은 파동이라 생각할지도 모른다. 그러나 빛이 입자라는 증거도 많이 발견되었다. 그렇다면 빛은 파동인가, 입자인가? 사실 이 문제를 놓고 뉴턴 시대부터 과학자들은 논쟁을 펼쳐왔다.

두 얼굴의 빛

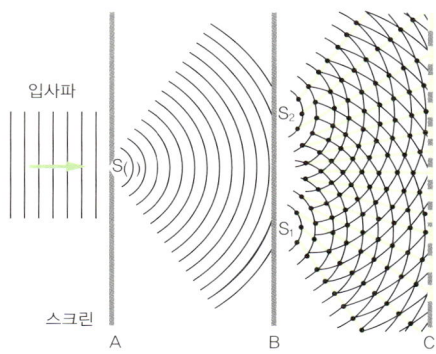

평행하게 입사한 빛은 단일 슬릿에서 회절 현상을 일으킨다. 이중 슬릿에서는 간섭 현상을 일으킨다. 회절과 간섭은 파동의 고유한 특성이다.

그렇다면 빛은 무엇인가? 파동인가, 혹은 입자인가? 빛이 입자 또는 파동 둘 중의 하나라고 말하는 것은 옳지 않다. 가장 양자역학적인 설명은 빛은 파동의 성질도 있고 입자의 성질도 나타낸다고 하는 것이다.

빛의 성질

입자설(빛의 직진)

파동설(회절무늬)

결국 어떤 실험을 하느냐에 따라 빛의 이중성 중 하나의 특성이 드러난다. 이는 아인슈타인의 광전 효과에 관한 부분에서도 설명했던 내용이다.

불확정성의 원리(uncertainty principle)

현대의 관측 장비는 날로 정교해지고 세밀해지고 있다. SEM(scanning electron microscope), STM(scanning tunnel microscope), AFM(atomic force microscope) 등 여러 가지 첨단 관측 장비들이 나오고 있다. 그러나 아무리 관측기술이 발달해도 정확히는 알 수 없는 사실이 하나 있다. 바로 전자의 위치와 운동량(속도라 생각해도 무방하다. 운동량 mv 중 m은 일정하기 때문이다)을 동시에 아는 것이다.

원자 이하의 물체를 관찰할 때 우리는 빛(전자기파)을 사용한다. 먼저 파장이 긴 전자기파를 사용할 때를 생각해 보자. 광전 효과에서 알 수 있듯이 파장이 길다는 것(혹은 진동수가 작다는 것)은 전자기파의 광자 하나하나의 에너지가 작다는 것을 뜻한다. 그러므로 전자는 그런 광자와 부딪혀도 크게 움직이지 않는다. 이 경우 전자의 운동 상태의 불확정성은 그리 크지 않다.

그러나 긴 파장의 전자기파를 사용하면 전자의 위치에 대한 불확정성이 커진다. 이때 전자가 있다고 예측되는 공간의 길이는 전자기파의 파장과 같다. 따라서 긴 파장의 전자기파는 전자의 운동 상태에 대한 불확정성은 작게 하지만, 위치에 대한 불확정성은 크게 한다.

그렇다면 짧은 파장의 전자기파를 사용하면 어떻게 될까? 짧은 파장은 높은 진동수를 의미하므로 각 광자는 높은 에너지를 가지고 있다. 이런 광자는 전자에게 큰 충격을 주고 이는 전자의 운동 상태를 잘 알 수 없도록 하는 결과를 만든다. 다만, 파장이 짧기 때문에 반사되는 전자기파를 통해 전자가 어느 좁은 곳에 있다는 것을 알 수 있으므로 위치에 대한 불확정성은 줄어든다.

결론적으로 긴 파장의 빛을 사용하면 전자의 속도(운동 상태)에 대한 불확정성은 감소하나 위치에 대한 불확정성은 증가한다. 반면, 짧은 파장의 빛은 속도에 대한 불확정성은 크게 하고, 위치에 대한 불확정성은 작게 한다. 독일의 하이젠베르그(W. Heisenberg, 1901~1976)는 1927년 불확정성의 원리를 발표하였다.

$$\Delta x \Delta p \geqq h$$

Δx : 위치에 대한 불확정성, Δp : 운동량에 대한 불확정성
h : 플랑크 상수

위치와 운동량의 불확정성의 곱이 h와 같아지는 것은 완벽하게 정밀한 장비를 가지고 관측했을 때이며, 이 경우 두 값의 오차가 가장 작지만 0이 되는 것은 아니다. 따라서 관측 장비가 아무리 발달하더라도 운동, 위치의 불확정성은 극복될 수가 없다.

불확정성의 원리는 비단 미시 세계에서만 적용되는 것이 아니다. 우리의 일상생활에도 적용될 수 있다. 전파를 쏘아서 달리는 자동차의 속도를

측정하는 스피드건(speedgun) 역시 이런 불확정성을 가지고 있다. 단지 자동차는 전자에 비해 질량이 매우 크므로 그 속도나 위치의 변화량이 너무나도 작을 뿐이다.

측정하기 전의 전자의 위치

하이젠베르그의 불확정성의 원리로 인해, 전자의 위치를 정확히 알고 싶으면 얼마든지 정확하게 알 수 있다는 사실을 알았을 것이다. 다만, 전자의 위치를 정확히 알기 위해 짧은 파장의 빛을 쓰면 운동 상태를 전혀 알 수 없게 된다.

그렇다면 측정을 하기 전에 전자를 발견하려면 어떻게 해야 할까? 이 역시 불확정하다고 보른(M. Born, 1882~1970)은 주장했다. 그는 '어느 한 곳에서 입자를 발견할 확률은 파동함수의 제곱에 비례한다' 는 해석을 발표했다. 파동함수란 여러 원자, 분자에서의 전자 궤도를 뜻한다.

'신은 주사위놀이를 좋아하지 않는다' 라는 아인슈타인의 말은 바로 이 확률 해석을 놓고 한 것이었다. 그도 그럴 것이, 확률 해석이 옳다면 이 세상의 모든 것은 측정하기 전이나 측정한 후나 불확정적이라는 뜻이기 때문이다. 측정 전이나 후나 완전히 확실한 것은 아무것도 없다. 다만 확률이라는 불확정성이 있을 뿐이라고 주장한 보른은 1954년에 노벨 물리학상을 수상하였다. 과학계가 보른의 해석을 인정한 것이다.

슈뢰딩거의 고양이

방사능 원소는 반감기마다 분열되지 않은 원소들 중의 반이 붕괴된다. 이러한 원소들은 붕괴할 때에 방사선을 방출한다.

상자 안에 라듐 원자 하나를 넣고 방사선이 방출될 경우 그 방사선을 증폭시켜 상자 안의 독극물 병의 뚜껑을 여는 장치를 설치한다. 상자 안에는 고양이를 넣는다. 고양이는 독극물 병이 열리면 죽을 것이다.

장치를 다 설치한 후에 상자를 닫고 라듐의 반감기 동안 기다린다. 반감기가 지나면 고양이는 어떻게 되어 있을까? 반감기가 지난 후에 라듐이 붕괴될 확률이 1/2이므로 고양이가 죽을 확률과 살 확률은 모두 1/2이다.

상자를 열어본다면 고양이가 살았는지 죽었는지 분명히 알 수 있다. 하지만 상자를 열지 않았을 때는 어떻게 그것을 표현할까?

과학자들은 고양이가 '반은 죽고 반은 살았다'고 표현한다. 물론 이는 현실세계에서는 불가능한 일이다. 죽으면 죽었지 어떻게 반만 죽을 수 있단 말인가. 상자를 열어본다면 고양이가 죽었는지 살았는지 분명히 알 수 있다. 그러나 상자를 열어보지 않았을 때 양자역학적, 수학적으로 가장 옳은 대답은 '반은 살고, 반은 죽었다'이다. 이는 양자역학의 세계에서 불확실성에 대한 특성을 알기 쉽게 표현한 예이다.

웬만한 크기의 입자들의 위치는 정확히 기술될 수 있다. 예를 들어 여러분이 읽고 있는 이 책은 여러분의 눈 앞에서 약 30cm 떨어져 있다. 그러나 미시 세계에서의 입자는 파동성으로 인해 정확한 위치를 기술할 수 없다.

슈뢰딩거(E. Schrodinger, 1887~1961)는 고양이를 이용한 이 사고 실험을 양자역학의 문제점을 지적하기 위해 고안해 냈다. 상자 안의 고양이의 상태를 이런 확률로만 나타내는 것은 무언가 이상하다는 것이었다.

아무리 관측 기술이 발달해도 양자역학적 효과로 인해 입자의 위치는 정확히 기술할 수 없다. 이런 상황에서 입자의 위치를 가장 정확히 설명하기 위해서는 입자가 어디 있을지에 대한 확률을 구하는 것이다.

4 physics

전자의 궤도

원자모형

1906년 영국의 톰슨(J. J. Thomson, 1856~1940)은 건포도 푸딩 원자모형 (수박씨 모형이라고도 불린다)을 제안했다. 그는 푸딩 속에 건포도가 박혀 있듯이, 양전하를 띤 원자 안에 전자가 박혀 있다고 생각하였다. 그러나 이 모델은 옳지 않다는 것이 곧 밝혀졌다.

1911년 영국의 러더퍼드(E. Rutherford, 1871~1937)는 얇은 금박에 알파 입자를 쏘아 보내는 실험을 수행하였다. 그 결과 대부분의 **알파 입자**가 금박을 그냥 지나가고, 소수의 알파선이 커다란 각도로 튕겨져 나온다는 것을 알게 되었다. 러더퍼드는 이 실험을 통해 원자는 대부분이 비어 있으며,

알파(α) 입자

알파 입자는 헬륨 원자핵의 별칭이다. 양성자 2개, 중성자 2로 이루어진 헬륨 원자핵은 방사선 원자의 붕괴 시 만들어진다. 알파 입자의 연속 다발을 알파선이라 부른다.

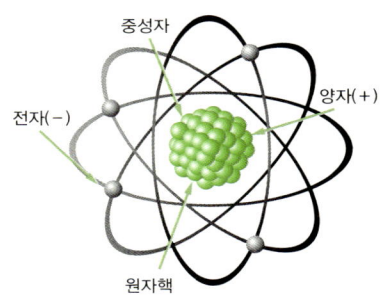

보어는 전자가 원자핵 주위의 특정한 궤도를
돈다고 가정하였다.

가운데에 양전하를 띤 고밀도 입자가 있다는 것을 알 수 있었다. 러더퍼드는 이 입자를 원자핵이라 이름 짓고 전자들이 이 주위를 돈다는 행성모델을 발표하였다.

하지만 이 모델에도 문제점이 있었다. 러더퍼드는 전자들이 원자핵 주위를 공전한다고 하였는데, 원운동은 대표적인 가속운동이다. 가속운동을 하는 전자는 전자기파를 내보내며 자신의 운동에너지를 잃는다. 따라서 전자들은 점점 원자핵에 가까워지며 결국 원자핵과 붙어버릴 것이다.

또한 행성모델은 원자에서 방출되는 선 스펙트럼을 설명하지 못했다. 불연속적인 선 스펙트럼이 방출된다는 것은 전자가 특정한 궤도에만 존재한다는 사실을 나타내기 때문이다. 하지만 행성모델의 경우, 전자는 어느 궤도라도 돌 수 있었다.

보어의 이론

보어가 양자 가설을 발표한 1913년 전까지 과학자들은 어떻게 전자가 원자핵 주위를 돌 수 있는지 알지 못했다. 당시까지의 물리학 지식은 '전자가 움직이면 전자기파를 내뿜어서 에너지를 잃는다'였다. 실제로 전자가 원운동을 하면 그 주위로 전자기파가 생성되면서 전자는 자신의 속도를 점점 잃어간다. 행성모델처럼 전자가 원자핵을 공전한다면 결국에는 원자핵에 닿게 되는데 이 과정은 이론상 10^{-11}초 밖에 되지 않는 짧은 시간 안에 이루어져야만 한다. 이대로라면 이 세상 거의 모든 전자는 원자핵에 달라붙어 있어야만 한다. 이럴 경우 화학반응이 일어나지 않음은 물론, 모든 물질의 부피도 지금보다 훨씬 작아야 한다. 하지만 세상은 잘 돌아가고 있는 것으로 보아 분명 전자는 원자핵 주위를 안정적으로 돌고 있다.

과학자들이 답을 찾지 못하고 있을 때 덴마크의 닐스 보어(N. H. D. Bohr, 1885~1962)는 전자의 파동이 원자핵 주위에서 정상파를 이룰 때 에너지를 잃지 않고 안정적인 궤도를 돈다는 양자가설을 주장했다. 그렇다면 보어 이론의 핵심 내용인 정상파(定常波)란 도대체 무엇일까?

정상파 - 전자의 궤도

기타나 바이올린 같이 양 끝이 고정되어 있는 줄을 튕기면 줄이 모든 음역의 소리를 내지 않고 특정한 분야의 높낮이를 가진 음을 내보내는 것을 알 수 있다. 이러한 정상 파의 형성은 고정된 줄의 양 끝은 위상이 0이 되어야(정지해 있어야)하는 이유에 기인한다. 따라서 파동은 줄의 길이에 맞는 범위 안에서만 발생해야 한다. 즉, 정상 파는 파동 전체가 파장의 정수배로 나누어 떨어지는 파동을 말한다.

보어는 전자파동(이 파동은 물질파이다) 이 궤도에 대해 정상 파를 이루고 있는 상태에서는 전자기파를 내보내지 않는다고 가정했다(보어는 그 이유에 대해서는 밝히지 않았다).그러므로 전자의 궤도는 정상파를 가지는 띄엄띄엄한 값 밖에 취할 수는 없다.

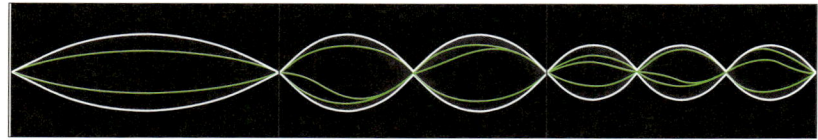

정상파의 모습

전자의 궤도는 안쪽에서부터 바깥쪽까지 불연속적으로 존재하며 전자는 안쪽 궤도부터 쌓인다. 이때, 바깥쪽을 돌고 있는 전자가 높은 에너지를 지닌다. 전자가 광자 흡수를 통해 에너지를 받으면 한 단계 바깥 궤도로 도약을 한다. 이를 전자도약이라고 부른다. 그러나 얼마 지나지 않아 뛰어오른 전자는 광자를 내보내며 다시 원래 궤도로 돌아온다. 보어는 특정한 에너지를 지닌 광자만이 이런 전자도약을 일으킨다고 생각했다.

전자의 이 같은 성질은 물질의 스펙트럼을 설명해 준다. 원자들은 제각기 자신의 고유한 스펙트럼 색을 가지고 있다. 예를 들어 루비듐을 불꽃에 넣으면 빨간 빛을 낸다. 반면 차가운 루비듐에 백색광을 비출 경우 빨간색 빛을 흡수한다. 빨간색은 루비듐의 스펙트럼 색인 것이다. 원자들은 저마다 다른 전자 배열을 가지고 있기 때문에 특정한 색의 광자만을 흡수하고 배출한다. 원자가 빛을 흡수할 때는 전자가 바깥쪽으로 도약할 때이고 방출할 때는 전자가 제자리로 돌아올 때이다. 비슷한 전자 구조를 가진 원자들은 비슷한 색의 스펙트럼을 가지는데 이는 최외곽 궤도에 있는 전자, 즉 원자가전자의 수와 관련이 깊다.

■ 그다지 명쾌하지는 않다

보어에게 '그렇다면 왜 전자는 정상파를 이루는 상태에서만 안정됩니까?' 혹은 '전자는 어떻게 궤도를 이동해 갑니까?' 와 같은 질문을 한다면 보어는 아마 대답을 얼버무릴 것이다. 보어는 전자와 관련된 현상을 잘 설명해주는 이론을 생각해 냈을 뿐이지 그 이유에 대해서는 잘 알지 못했다. 보어가 그 같은 질문을 받았다면 '그냥 신이 그렇게 만드셨으니까' 라는 답을 했을지도 모른다.

게다가 보어의 이론은 치명적인 약점을 가지고 있다. 수소 이외의 원자에는 이 이론이 적용되지 않는 것이다. 여러 개의 핵자로 구성된 원자핵 주위에서는 보어의 이론으로 에너지 준위를 정할 수 없다.

보어의 가설은 보충이 필요하다. 과거 하이젠베르그와 슈뢰딩거 등의 과학자들이 문제에 대한 해법을 찾으려 노력하였다. 현대에는 보어의 가정과 더불어 스핀양자수, 자기양자수 등 다른 특성을 통해 전자의 궤도를 설명한다. 그럼에도 불구하고 이 부분은 앞으로 많은 연구를 필요로 한다.

전자구름

전자의 위치가 정해져 있지 않다는 점은 원자 내부에서도 적용된다. 원자핵 주위를 도는 전자의 위치 역시 정확히 알 수 없다. 그래서 과학자들은 전자구름 개념을 도입했다. 전자구름이란 원자핵 주위의 전자가 '있을 수 있는' 곳을 구름처럼 나타낸 지역이다.

전자의 위치는 오직 확률로밖에 구할 수 없다. 전자구름의 밀도가 높을수록 그곳에 전자가 있을 확률이 더 높다. 사실 전자 궤도라는 표현은 엄밀히 말해 옳지 않다. 전자가 원자핵 주위를 도는 것이 아니기 때문이다. 단지 원자핵 주위 어느 지점에 '위치' 하는 것이다(하지만 편의상 이 책에서는 궤도라고 하겠다). 전자구름의 평균 전자위치 기댓값은 전자구름의 중간, 즉 원자핵에 위치하므로 원자가 전기적으로 중성을 띤다는 사실도 설명할 수 있다. 전자구름 모델은 과학자들의 한 가지 고민을 풀어주었다. 바로 수소의 공유 결합 문제였다.

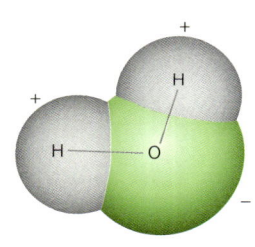

물분자의 산소 부분은 음전하가, 수소 부분은 양전하가 우세하다.

물 분자는 산소원자 하나와 수소 원자 두 개가 전자를 공유한 결합으로 이뤄진 구조이다. 물분자를 구성하는 수소 원자의 전자는 산소원자 쪽으로 붙어있기 때문에 산소원자 쪽은 강한 음전하, 수소 원자 쪽은 강한 양전하를 띨 것이다. 때문에 물분자들은 서로 강력한 전자기 작용을 할 것이라고 과학자들은 이론상으로 예측했다. 하지만 실제로 물 분자들끼리 상호작용은 예측 값보다 훨씬 작다. 왜 그럴까?

다행히 전자는 소외된 곳에도 손길을 주었다. 수소에는 비록 한 개의 전자밖에 없지만 전자구름은 고루 형성되기 때문에(산소 쪽에 더 치우쳐 있기는 해도) 양전하가 있는 부분을 전자가 가려 주어서 커다란 상호작용을 막아주는 것이다.

우리는 이런 전자에게 감사해야 한다. 전자가 만일 한 곳에만 머물러 있다면 물의 어는 점은 크게 높아져서 지구상에는 생물이 살 수 있는 액체 상태의 물이 존재하지 않았을 것이다. 그럴 경우, 지구에서 생명체는 전혀 살 수 없다.

전자궤도의 성질

원자 주위를 도는 전자의 궤도는 여러 종류가 있다. 전자궤도의 종류를 나누는 요소에 대해 살펴보자.

가장 기본적인 성질이 주양자수 n이다. 원자에 몇 개의 궤도가 존재할 수 있는지 그 수를 n으로 표현한다. 궤도의 개수에 대해 언급한 내용이므로 n은 자연수(1, 2, 3 …)이다.

하지만 주양자수 n만 가지고는 전자가 2개 이상인 원자궤도를 설명할 수 없다. 그래서 도입된 것이 전자의 타원형 궤도이다. 타원형 궤도는 방위 양자수라 표현되며, 방위 양자수 ℓ은 주양자수보다 언제나 1 작은 수이다. 예를 들어 주양자수 3인 원자는 2개의 타원형 궤도(n-1개)와 하나의 원형 궤도를 가질 수 있다.

하지만 이로도 부족한 게 있다. 전자는 원자핵 주위를 돌면서 자기장을 만든다. 원자의 스펙트럼 사진을 찍었을 때 원자마다 미세한 차이가 나는 이유는 전자가 원자핵을 도는 각도가 다르기 때문이다. 원자핵을 도는 각도차를 지닌 궤도의 수는 $-\ell$부터 ℓ까지의 정수이다.

그 외에도 전자에는 스핀(전자의 자전 각운동량)이라는 성질이 있다. 이는 원자 스펙트럼선을 자세히 분석해 보았을 때 하나의 선으로 보이던 것이 사실은 2개의 선으로 나누어져 있다는 사실이 밝혀져 알 수 있게 되었다. 전자가 실제로 자전하는 것은 아니지만 스핀으로 인해 전자는 전하를 갖는 것으로 알려져 있다. 전자의 경우 스핀은 $+1/2$와 $-1/2$이 있다.

원자궤도의 전자수 차이의 원인

한 궤도에 최대로 들어갈 수 있는 전자의 개수는 각각 2, 8, 18, 32… ($2n^2$형태)개이다.

1924년 파울리(Wolfgang Ernst Pauli, 1900~1958)는 파울리의 배타원리(Pauli's exclusion principle, 같은 양자 상태의 입자가 같은 곳에 있을 수 없다)를 제창하였다. 이 원리는 원자 껍질의 전자수를 설명하는 데 일조하였다.

전자들은 앞서 말했듯이 주양자수, 방위양자수, 자기양자수, 스핀양자수를 가지고 있다. 파울리의 배타 원리에 따르면 같은 곳에 같은 양자 성질을 가진 전자가 동시에 존재할 수 없다. 즉, 한 원자 내의 임의의 두 전자는 주양자수, 방위양자수, 자기양자수, 스핀양자수가 모두 다르다는 것이다.

예를 들어 원자의 주양자수 1인 첫 번째 궤도에는 스핀 $+1/2$와 스핀 $-1/2$인 전자 2개만이 존재할 수 있다. 그보다 바깥 궤도의 전자는 방위양자수와 자기양자수를 고려할 수 있으므로 더 많은 전자가 들어갈 수 있다.

5 physics

보존 입자와 페르미온 입자

보존과 페르미온

이 세상 모든 입자는 보존(boson, 보스 입자) 혹은 페르미온(fermion, 페르미 입자) 입자로 나눌 수 있다. **페르미 입자**는 파울리의 배타 원리(같은 양자상태의 입자가 같은 곳에 있을 수 없다)를 따르는 입자들이고 보스 입자는 파울리의 배타원리를 따르지 않는 입자들이다.

보존 입자는 입자의 스핀수(입자의 각운동량, 상당히 난해한 개념이다)가 정수(n)이다. 반면 페르미 입자의 스핀수는 반정수(n+1/2, 0.5, 3.5, 12.5 등)이다. 보존의 예로는 2중수소, 광자 등이 있다. 기본 입자인 양성자, 전자,

---

🔍 페르미 입자

페르미 입자는 파울리의 배타 원리를 따른다. 배타(排他, exclusion)이란 남을 배격한다는 뜻으로, 배타 원리는 같은 양자 성질을 가진 입자들끼리 같은 장소에 있지 못하는 것이다. 보존 입자는 조건만 충족된다면 같은 곳에 수많은 입자들이 모일 수 있다.

중성자를 비롯하여 수소, 3중수소 등은 페르미온이다.

보존과 페르미온 입자가 만나 생긴 물질도 보존과 페르미온 둘 중 하나의 물질로 정의된다. 이는 구성 물질의 총 스핀수에 따라 결정된다. 따라서 합성 물질의 보존, 페르미온 여부는 스핀수가 반정수배인 페르미온의 수에 따라 달라진다. 페르미온이 짝수 개 존재하면 결과적으로 전체 스핀은 정수배가 되므로 그 물질은 보존 입자가 된다. 반면, 페르미온이 홀수 개 존재하면 총 스핀수는 $n+1/2$의 형태를 가지므로 페르미온 입자가 된다. 예를 들어 페르미온인 전자 2개로 이루어진 쿠퍼쌍은 보존 입자의 성질을 나타내 초전도 현상을 일으키는 원인으로 작용한다. 보존 입자는 정수배의 스핀을 가졌으므로 합성 물질의 보존, 페르미온 여부에 영향을 미치지 않는다.

같은 종류의 원자핵이라 하더라도 보존과 페르미온으로 나눌 수 있다. 바로 동위원소 때문이다. 동위원소란 양성자의 수는 같지만 중성자의 개수가 다른 원자핵을 말한다. 대부분의 헬륨은 양성자 2개와 중성자 2개로 이루어져 있다(질량수가 4이므로 보통 헬륨-4라고 말한다). 그러나 가끔은 헬륨-5가 존재하기도 한다. 헬륨-5의 원자핵은 보통 헬륨 원자핵에 비해 스핀 1/2인 중성자가 하나 더 많으므로 총 스핀수는 반정수배가 된다. 따라서 헬륨-5는 보존 입자가 아닌 페르미 입자이다.

초유동 현상

보스 입자의 온도가 낮아져 응축이 일어나면 거시적 세계에서도 이를 관찰할 수 있다. 대표적인 예가 헬륨-4의 초유동 현상이다. 액체 헬륨-4는 극저온에 이르면 보스-아인슈타인 응축 반응을 일으킨다. 보스 입자가 응축을 일으키면 여러 가지 물성이 바뀌게 된다. 그러한 특성들 중 하나가 바로 액체의 점성이 사라지는 것이다. 액체의 점성이 사라지면 액체 상태의

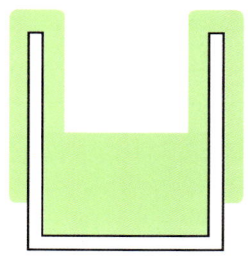

헬륨 3 또는 헬륨 4는 극저온이 되면 벽을 타고 흐르는 초유동 현상이 발생한다. 초유동 현상은 보스 입자에서만 나타난다.

헬륨 4는 용기 벽면과의 결합력으로 인해 용기의 벽면을 타고 오를 수 있다. 심지어 용기를 빠져 나와 바깥으로 흘러내리기도 한다. 이는 보스 입자가 응축될 때 일어나는 물성 변화에 의한 현상이다.

양자역학에 대한 또 다른 이야기

기준의 문제

양자역학적으로 입자를 매우 확대해서 본다면 그 입자는 일정한 진폭과 주기를 가지고 있는 파동의 모습을 띠고 있다. 이 상태에서 입자의 움직임은 파동의 움직임을 다룬 법칙으로 기술된다. 하지만 입자를 멀리서 보면 그저 정지해 있는 입자일 뿐이다. 이때는 파동의 성질이 보여지지 않기 때문에 운동의 법칙으로 그 현상을 설명할 수 있다.

그렇다면 어느 곳에 기준을 두어야 할까? 즉, 어느 정도 멀리서 바라봐야만 파동의 성질에서 입자의 성질로 변화하는 것처럼 보이는가? 어느 정도 위치에서 바라보면 입자는 파동의 성질과 입자의 성질을 동시에 지니는가? 과학자들은 아직 명쾌한 설명을 하지 못하고 있다. 분명한 것은 물질을 가까이 보면 파동의 성질이고 멀리서 보면 입자의 성질을 띤다는 것이다.

양자 효과의 활용

원자에 에너지(빛, 열 등)를 주면 전자는 에너지를 받는다. 에너지를 받은 전자는 자신의 궤도에서 바깥 궤도로 이동한다. 이를 양자 도약(quantum leap)이라 부른다. 이런 현상은 가해진 에너지와 전자궤도 사이의 에너지가 일치할 때 일어난다.

전자가 다음 궤도로 가 있는 순간은 찰나이다. 전자가 다시 원래 궤도로 돌아올 때는 받은 만큼의 에너지를 광자 형태로 내보낸다. 이러한 양자도약은 많은 분야에 응용될 수 있다. 형광등 안에는 기체 아르곤이 들어있다. 형광등의 한쪽에서는 전자가 발사된다. 전자는 형광등 안에서 가속되어 아르곤 분자와 충돌한다. 아르곤 원자의 전자는 양자 도약을 한 후 곧바로 원래 자리로 돌아오며 광자를 내보낸다. 이것이 형광등에서 빛이 나오는 원리이다. 아르곤 원자가 광자를 내보내기 위해서는 궤도를 도는 전자가 궤도 도약을 할 만큼의 충분한 에너지가 있어야 한다. 따라서 형광등 안에는 너무 많은 아르곤 원자가 있어서는 안 된다. 왜냐하면 전자가 충분

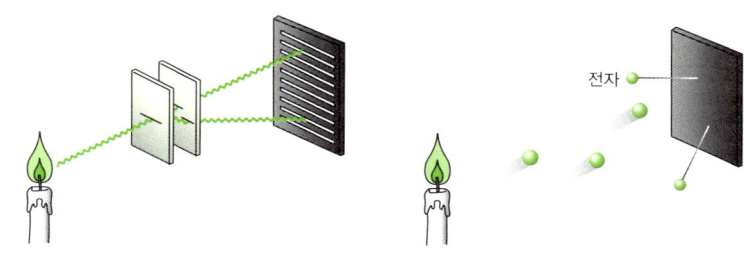

파동성을 나타내는 간섭 실험(왼쪽)과 입자성을 나타내는 광전 효과(오른쪽).

히 가속되기 전에 아르곤 원자와 만나게 되어 아르곤 원자가 전자 도약을 할 수 없기 때문이다. 또 너무 적은 아르곤이 있어도 전자가 너무 많은 에너지를 가져 아르곤을 그냥 지나친다.

또 하나의 적용 분야는 레이저이다. 레이저는 보통 긴 관으로 되어 있고 관의 한쪽 끝에는 거울이 있다. 다른 한 쪽에는 반은 반사시키고 반은 투과시키는 유리가 있다(즉 유리에 부분적으로 거울이 있다고 생각하면 된다). 관 안에는 기체가 들어있다. 기체에 에너지를 가하면 기체의 전자는 들뜨게 된다. 이 중 하나의 원자에서 광자가 방출되면 이 광자는 다른 원자도 광자를 내보내게끔 하는 일종의 기폭제 역할을 한다. 이렇게 되면 많은 양의 광자가 생겨나게 된다. 광자들은 거울에 반사되어 또 다른 아르곤 원자를 자극한다. 그러한 광자들이 모여 레이저가 된다. 레이저가 강력한 이유는 광자가 다른 원자를 자극하는 성질 때문이다. 같은 파장의 빛이 같은 위상으로 생성되므로 빛의 세기를 증폭시킨다(보강 간섭). 레이저 빛을 일반 빛과 비교한 그림을 보면 쉽게 이해가 갈 것이다.

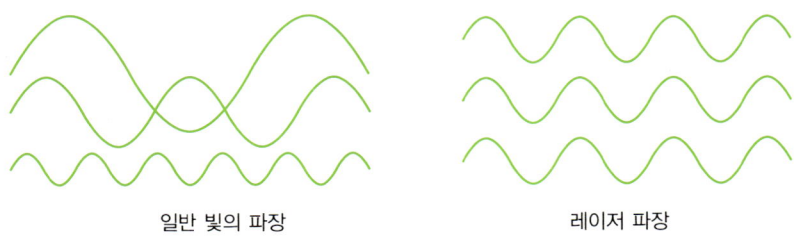

일반 빛의 파장　　　　　　　　레이저 파장

레이저와 빛의 파장 : 일반적인 빛(왼쪽)과 레이저(오른쪽). 일반적인 빛은 여러 가지 파장의 빛이 섞여 있지만 레이저의 경우, 같은 파장의 빛이 같은 위상을 가지고 있어 진폭이 훨씬 더 크다.

광자의 운동량

아인슈타인의 특수 상대성 이론에서는 질량이 존재하지 않는 빛의 운동 량에 대해 다음과 같은 공식을 세웠다.

$$p = \frac{E}{c}$$

p는 운동량, E는 빛의 에너지, c는 빛의 속도

이를 통해 광자에도 운동량이 있다는 것을 알 수 있다.

광자의 운동량은 광자 로켓을 만들 때 유용하게 사용될 수 있다. 아무런 힘도 받지 않는 무중력 공간에서 로켓이 광자를 가스 분사물 대신 쏘면 로 켓은 빛의 속도 가까이까지 가속될 것이기 때문이다. 물론 빛의 운동량은 매우 작기 때문에 오랜 시간과 높은 에너지의 빛이 필요해 가까운 미래에 는 사용하기 어렵겠지만 앞으로 장기간의 우주여행을 고려해 볼 때 유용 한 이동수단이 될 수도 있다.

쿼크에 대해

쿼크 사이의 결속력은 거리에 비례한다. 보통의 중력이나 전자기력이 물체가 멀어질수록 더 약해지는 것에 비하면 이상한 일이다. 하지만 이는 고무밴드를 생각하면 쉽게 이해될 수 있다. 고무밴드는 더 늘어날수록 힘

이 더 세어진다. 쿼크 사이의 결속력도 이 고무밴드와 같이 거리가 멀어질수록 서로를 당기는 힘이 더 강해진다.

그렇다면 쿼크를 계속 잡아당기면 어떻게 될까? 마치 고무밴드가 끊어지는 것과 같이 양성자와 중성자를 이루는 쿼크가 독립적으로 존재하게 될까?

쿼크에 계속 힘을 줘도 쿼크는 끊어지지 않는다. 다만 그 에너지로 인해 새로운 물질 쿼크와 반물질 쿼크가 생겨나 사실상 독립된 쿼크를 만드는 것과 같은 일이 일어난다.

새로 만들어진 쿼크 중 물질 쿼크는 곧바로 양성자로 되돌아간다. 반쿼크는 양성자 내에 있던 물질 쿼크와 쌍을 이뤄 파이 중간자라는 입자를 형성해 빠져 나간다. 쿼크는 아직까지 독립적으로 발견된 적이 없다. 다만 파이 중간자 같이 다른 물질들과 결속되어 있는 형태로만 발견될 뿐이다. 이와 같이 쿼크가 다른 물질에 결속되어 있는 상태를 유폐 상태라고 한다.

진공, 요동치는 공간

진공(眞空)이란 아무것도 없는 공간을 뜻한다. 현대의 뛰어난 기계들은 거의 완벽에 가까운 진공을 만들어 낼 수 있다. 인류가 만들어낸 가장 완벽한 진공은 입자 가속기의 내부이다. 반지름 10km의 가속기 안에는 겨우 몇 개의 원자만이 존재한다. 하지만 이 역시도 가속기를 구성하는 물질에서 나온 입자들로 인해 완전한 진공은 불가능하다.

지금까지 진공으로 알려진 곳은 원자핵과 전자 사이였다. 이 사이는 아무 물질도 없는 완벽한 진공이라고 생각되어졌다. 우주 공간 역시 평균적으로 1m³당 수소 원자 3개만 존재하고 그 원자가 존재하

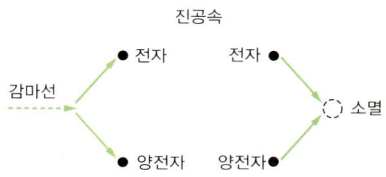

진공에 감마선 등으로 에너지를 주면 전자와 그 반입자(反粒子)인 양전자가 쌍으로 생성한다. 전자와 양전자가 만나면 소멸되어 에너지가 된다.

지 않는 나머지 공간은 완전한 진공으로 생각되었다(이 밀도는 대단히 작은 값이다. 우주에는 블랙홀, 은하, 별 등 질량이 큰 물체가 수도 없이 많기 때문이다. 그만큼 우주가 넓다는 사실을 말해주기도 한다).

현대 물리학은 이 세상에 완벽한 진공은 없다고 말한다. 원자가 존재하지 않는 공간은 단순히 보기에는 진공일 수 있다. 그러나 그곳에서도 입자의 쌍생성과 쌍소멸이 끊임없이 일어난다. 에너지는 이 세상 어디에나 존재하며, 에너지가 있는 곳에는 언제나 입자와 반입자의 쌍생성, 쌍소멸이 일어나기 때문이다.

즉, 이 세상 어느 공간도 고전적인 관점의 진공을 가지지는 못하며 모두 입자와 반입자가 생성되었다가 사라지기를 격렬하게 반복하는 '요동치는' 공간이다. 입자들은 에너지 덩어리인 빛(광자)에서 만들어진다. 에너지 덩어리인 빛과 빛이 충돌하면 빛이 사라지고 입자와 반입자가 생긴다. 마찬가지로 입자와 반입자가 충돌하면 이들이 사라지고, 빛이 2개 생긴다.

그 너머 좀 더 현대적인 물리학

양자역학과 상대성 이론, 모두 현대 물리학(現代物理學, contemporary physics)에 속하기는 하지만 과학자들은 더 현대적인 물리학을 연구하고 있다.

요즘의 '더 현대적인' 물리학의 중추는 끈 이론과 대통일 이론이다. 이 두 학문 모두 관측보다는 수학적인 계산과 예측을 통해 학문을 발전시켜 나가며, 특히 끈 이론은 그 자체가 너무 추상적이기까지 하다. 현대적인 물리학은 미국과 유럽이 선두를 달리고 있으며 이 시대 최고의 물리학 수 재들이 머리를 싸매고 달려들고 있다. 현대 물리학의 관측은 매우 작은 세 계를 다루는 것이 대부분이기 때문에 이를 위한 정밀한 실험기계와 연구 소, 실험실 운영비가 천문학적으로 소비되고 있다. 물리학의 최전선에 있 는 끈 이론과 대통일 이론을 간략히 소개하고자 한다.

■ 끈 이론 – 물질은 모두 끈

끈은 우리 주위에서 많이 찾아볼 수 있다.

끈 이론(string theory)에서는 바로 이 끈이 모든 물질의 기본 구성 입자라 고 말한다. 기본 입자들은 다르게 진동하는 끈이며, 전자와 쿼크 역시 끈 이라고 설명한다. 자연계의 기본 힘들 역시 끈들로 인해 발생된다고 한다.

■ 모든 힘을 하나의 방정식으로 – 대통일 이론

자연계에는 모두 4가지 힘이 있다. 우리가 잘 아는 중력과 전자기력, 그리고 약간 생소한 강한 핵력과 약한 핵력이 있다. 대통일 이론의 궁극적 목적은 이 네 가지 힘을 하나의 방정식으로 기술하는 것이다. 현재 끈 이론이 대통일 이론의 후보로 거론되고 있다.

★ 오캄의 면도날

우리는 한 가지 상황을 놓고 여러 가지 방법으로 설명이 가능할 때가 있다. 예를 하나 들어보자.

미국의 중학교에 다니는 마운틴은 책상 위에 초콜릿을 하나 놓고 잠시 다른 곳에 다녀왔다. 그러나 이게 웬일인가. 마운틴이 잠시 다녀온 사이 그의 초콜렛이 감쪽같이 사라진 것이 아닌가. 마운틴은 여러 가지 추측을 해보았다.

- 그는 가장 먼저 도둑이 자신의 초콜릿을 가져간 경우를 생각했다.
- 또한 상상력이 풍부한 마운틴은 자신이 없는 사이 외계인이 자신의 초콜릿을 가져갔다고도 생각했다.
- 그 뿐만 아니라 마운틴은 초콜렛이 시공간 터널을 통해 다른 차원으로 빠져나갔다고 생각했다.

마운틴이 생각한 3가지 가설은 모두 초콜릿이 없어진 원인을 아무런 문제없이 설명한다. 도둑이 가져갔든, 외계인이 방문했던, 반물질이 날아왔든, 모두 초콜릿이 사라진다는 결과는 같고 우리는 어떤 것이 맞는지 알아낼 방법이 없다. 그렇다면 이 사실을 가지고 외계인 신봉자들은 외계인이 있다는 증거로 내세울 수 있을까?

물론 외계인이 초콜릿을 가져갔다고 해도, 우리로서는 알아낼 방법이 없다. 하지만 한 현상에 대해 여러 가지 설명이 가능할 때, 과학자들은 언제나 가장 간단하고 합리적인 설명을 옳은 것으로 하자는 법칙을 만들었다. 이것이 바로 '오캄의 면도날'이다.

그렇다면 어떤 것이 가장 간단하면서도 합리적일까? 도둑이 가져갔을까? 외계인이 가져갔을까? 아니면 다른 차원의 문이 열렸을까?그 답은 여러분도 알 수 있을 것이다.

★ 언제나 그런 것은 아니다

오캄의 면도날이 적용되려는 전제 혹은 가정에는 한 가지 사건을 여러 가지 방법으로 설명해도 무방한 경우라고 언급하였다.

이를 배운 사람들이 하기 쉬운 실수는 오캄의 면도날이 무조건 더 간단하고 합리적으로 보여 그의 설명이 옳다고 생각하는 것이다. 만일 더 복잡하고 비합리적으로 보이는 설명이 있을지라도 그것을 지지해 주는 증거가 있다면 그것이 옳은 것이다. 실제로 과학사에서도 그런 일이 있었다. 바로 뉴턴과 아인슈타인의 중력 이론 대립이었다.

뉴턴은 17세기(1600년대)에 중력은 두 물체간의 인력으로 인해 발생한다고 하였다. 그로부터 약 300년 후인 1905년 아인슈타인은 특수 상대성 이론을 발표하면서 중력은 질량을 가진 물체에 의한 공간의 휘어짐으로 일어난다고 주장했다. 이 두 가지 주장을 오캄의 면도날 식으로 생각한다면 당연히 뉴턴의 이론이 더 합리적이고 더 간단해 보인다. 하지만 1916년 천문학자 에딩턴이 빛의 휘어짐을 관측함으로써 아인슈타인이 옳았음이 증명되었다.

오캄의 면도날은 특별한 증거가 없어 어느 것이 옳은지 확신할 수 없을 때에만 사용된다. 이럴 경우에도 더 간단하고 합리적으로 보이는 설명이 진실이 아닐 수 있다는 것을 알아주기 바란다. 즉 마운틴의 과자를 실제로는 외계인이 나타나 가져갔을 수도 있다는 뜻이다. 하지만 우리는 그 사실을 알 수 없으므로 도둑이 과자를 가져갔다고 '믿는' 것뿐이다. 하지만 대부분의 경우 오캄의 면도날 식으로 생각한 것이 옳을 가능성이 더 높다.

오캄의 면도날 방식대로 생각하는 것은 일상생활과 과학이론 구상에 있어서 많은 도움을 준다.

INDEX

INDEX

물리학의 산맥 Reference

- 로버트 게로치 / 물리학 강의 / 김재영 옮김 / 휴머니스트(2003)
- 아이작 아시모프, 자넷 아시모프 / 과학의 세계, 미지의 세계 1, 2 / 이창희, 황성현 옮김 / 고려원 미디어(1995)
- 서울대학교 자연과학대학 교수 20인 / 21세기 과학의 포커스 / 사계절(1996)
- 마틴 가드너 / 이야기 파라독스 / 이충호 옮김 / 사계절(2002)
- 데이빗 할리데이 외 2명 / 일반물리학 개정 7판 1, 2 / 범한서적주식회사(2006)
- 폴 G. 휴윗 / 수학없는 물리 개정 7판 / 박홍이 등 옮김 / 에드텍(1998)
- 절 워커 / 하늘을 나는 물리의 서커스 / 김은숙 옮김 / 전파과학사(1995)
- 사또 후미다카, 마쓰다 다쿠야 / 상대론적 우주론 / 김명수 옮김 / 전파과학사(1989)
- 후쿠시마 하지메 / 물리학의 ABC / 손영수 옮김 / 전파과학사(1995)
- 기다야마 야수히사 / 양자역학의 세계 / 김명수 옮김 / 전파과학사(2004)
- 존 그라빈 / 물리학을 잡아라 / 전영택 옮김 / 궁리(2004)
- 고중숙 / 내 머리로 이해하는 $E = mc^2$ / 푸른나무(2001)
- 베리 파커 / 대폭발과 우주의 탄생 / 김혜원 옮김 / 전파과학사(1996)
- 과학세대 편저 / 미래를 지배할 신소재 / 벽호(2000)
- 과학세대 편저 / 상대성 원리와 우주과학 / 벽호(2000)
- 과학세대 편저 / 우주의 탄생에서 종말까지 / 벽호(2000)
- 과학세대 편저 / 신비한 소립자의 세계 / 벽호(2000)
- 과학동아 편집부 / 아인슈타인 뛰어넘기 / 아카데미 서적(1999)
- Brian Greene / The Fabric of the Cosmos / Vintage(2004)
- 스티븐 와인버그 / 최초의 3분 / 신상진 옮김 / 양문(2005)
- 사토 가즈히코 / 양자론이 뭐야 / 김선규 감수 / 비타민 북(2006)
- 정재승 / 정재승의 과학 콘서트 / 동아시아(2003)
- 리처드 도킨스 / 만들어진 신 / 김영사(2007)
- 미치오 카쿠, 박병철 옮김 / 평행우주 / 김영사(2006)

물리학의 산맥

지은이 • 최지범
펴낸곳 • (주)삼양미디어   펴낸이 • 신재석

등   록 • 제 10-2285
주   소 • 121-840 서울시 마포구 서교동 394-67
전   화 • 02)335-3030   팩   스 • 02)335-2070
디자인 • 조소영, 안은주
삽   화 • 조소영
홈페이지 • www.samyangm.com
이 메 일 • book@samyangm.com

1판 1쇄 발행 2008년 6월 30일

ISBN • 978-89-5897-131-3